ECOLOGICAL ENVIRONMENT

生态环境产教融合系列教材

环境监测实验

主　编　孙启耀　王　捷

副主编　余友清　万邦江

编　委　肖　萍　袁中勋　卢邦俊

余先怀

中国科学技术大学出版社

内 容 简 介

本书主要分为水质污染监测、大气污染监测、土壤和固体样品监测、物理污染监测、综合与设计性实验和附录六大模块，紧跟行业产业需求和智慧环保产业发展要求，经充分调研后，精选相关行业、产业在实际工作中重点监测的指标，尽量实现常见污染指标的全覆盖。

本书可作为高等院校环境科学与工程、环境科学、环境工程、环境生态工程等专业本科生教材使用。

图书在版编目(CIP)数据

环境监测实验/孙启耀，王捷主编.—合肥:中国科学技术大学出版社，2024.1
ISBN 978-7-312-05845-5

Ⅰ.环… Ⅱ.①孙…②王… Ⅲ.环境监测—实验—高等学校—教材 Ⅳ.X83-33

中国国家版本馆CIP数据核字(2023)第228982号

环境监测实验
HUANJING JIANCE SHIYAN

出版 中国科学技术大学出版社
安徽省合肥市金寨路96号，230026
http://press.ustc.edu.cn
https://zgkxjsdxcbs.tmall.com
印刷 安徽省瑞隆印务有限公司
发行 中国科学技术大学出版社
开本 787 mm×1092 mm 1/16
印张 9.5
字数 213千
版次 2024年1月第1版
印次 2024年1月第1次印刷
定价 38.00元

前　言

人类社会的发展历程与自然环境的变迁紧密相连,从原始的狩猎采集,到农业革命,再到工业革命,每一次重大的社会进步都伴随着对自然环境的深刻影响。如今,我们身处一个科技进步、经济腾飞的时代,与此同时,解决生态环境问题也成为全球共同面临的挑战,加强环境保护和可持续发展已成为社会的共识。在这样的背景下,生态环境产教融合系列教材应运而生,这套教材不仅是对环境保护领域知识的一次全面梳理,更是对产教融合教育模式的一种实践与探索,让知识更好地服务于环保产业的创新与发展。

环境监测是环境科学与工程类专业重要的专业核心课,环境监测理论课和环境监测实验课并重,两者皆单独设课,环境监测实验属于应用型学科,目前国内高校及高职的环境科学与工程类专业均已开设环境监测实验课程,环境监测实验教材相对较多,目前各高校所选用教材也不尽相同。编者所在教学团队在从事多年的环境监测实验教学过程中发现目前环境监测教材存在实验项目设置过多、综合性不强及未与行业企业有效对接等问题。因此,编者经过了多次与行业专家的探讨,摒弃了一部分传统的验证性实验,加入目前环保行业热门的环境监测实验项目,与行业产业对标,编写了本书。

本书包括两大部分内容:环境监测实验基本知识和环境监测实验,涉及环境监测实验室安全规则、环境监测实验的常见试剂和仪器操作、实验数据处理和误差分析、环境样品采集和预处理技术、实验室质量监控、水质监测实验、大气污染监测实验、土壤和固体样品监测实验、物理性污染监测实验、综合与设计性实验及常见的环境标准等内容。实验内容对标环境行业标准,满足行业对环境监测人才的需求,本书可以作为普通本科院校或高职院校环境科学与工程类专业或其他相关专业的实验参考书。

本书由万邦江负责编写第一章,王捷负责第二章、第四章的部分实验内容的编写,孙启耀负责本书其余部分的编写工作。全书由孙启耀、王捷、余友清、万邦江修改定稿,卢邦俊、肖萍、袁中勋和余先怀参与了本书的资料收集和文本完善工作。

在本书编写过程中,笔者借鉴了国家相关标准、兄弟院校的教材及企业行业的真实案例,在此向相关文献的作者表示衷心的感谢。编写中也得到了老师们和相关行业专家的帮助指导,在此一并表示衷心的感谢。

由于编者水平有限,书中难免存在错漏之处,敬请读者批评指正。

编　者

2023年10月

目　录

第一部分　环境监测实验基本知识

第二部分　环境监测实验

第一部分

环境监测实验基本知识

第一章　环境监测实验的基本知识

第一节　环境监测实验室安全规则

环境监测实验中所用到的化学药品中有很多是易燃、易爆、有腐蚀性或者有毒的，部分实验项目采用了电加热装置，所以在实验前应充分了解安全注意事项。在实验室，应在思想上和行动上充分重视安全问题，集中注意力，遵守操作规程，以避免事故的发生。

一、实验室安全守则

① 进入实验室必须穿实验服，不得穿拖鞋、裙子、短裤等进入实验室；

② 熟悉实验室水、电开关的位置；

③ 用完电炉等加热设备，应立即关闭，拔插头；

④ 加热时，不要俯视正在加热的液体，以免液体溅出受到伤害；

⑤ 嗅闻气体时，应用手轻拂气体，扇向自己后再嗅；

⑥ 使用电器设备时，不要用湿手接触插头，以防触电；

⑦ 严禁在实验室内饮食和吸烟；

⑧ 实验完毕，将仪器洗净，把实验桌面整理好，洗净手后，离开实验室；

⑨ 值日生负责实验室的清理工作，离开实验室时检查水、电开关是否关好。

二、易燃、具腐蚀性药品及毒品的使用规则

① 浓酸和浓碱等具有强腐蚀性的药品，不要洒在皮肤或衣物上，尤其切勿溅到眼睛里；稀释浓硫酸时，应将浓硫酸缓慢倒入水中，而不能将水向浓硫酸中倒；

② 不允许在不了解化学药品性质时，将药品任意混合，以免发生意外事故；

③ 使用易燃、易爆化学品，例如氢气、强氧化剂（如氯酸钾）时，要首先了解它们的性质，使用中，应注意安全；

④ 有机溶剂（如苯、丙酮、乙醚）易燃，使用时要远离火源；

⑤ 制备有刺激性的、恶臭的、有毒的气体（如H_2S，Cl_2，CO，SO_2等），加热或蒸发盐酸、硝酸、硫酸时，应该在通风橱内进行；

⑥ 氰化物、砷盐、锑盐、可溶性汞盐、铬的化合物、镉的化合物等都有毒，不得进入口内或接触伤口。

三、实验室救护常识

实验中如遇伤害事故，处理方法如下：

① 割伤：在伤口上抹碘伏；

② 烫伤：在伤口上抹烫伤药，或用浓高锰酸钾溶液润湿伤口，至皮肤变为棕色；

③ 硫酸腐伤：先用水冲洗，再用饱和碳酸氢钠溶液或稀氨水洗，最后用水冲洗；

④ 碱腐伤：先用水冲洗，再用乙酸溶液（20 g/L）清洗，碱溅入眼中时，用硼酸清洗。；

⑤ 酚腐伤：用苯或甘油清洗，再用水清洗；

⑥ 磷灼伤：用1%硝酸银、1%硫酸铜或高锰酸钾溶液清洗，然后进行包扎；

⑦ 吸入氯气、氯化氢：可吸入少量酒精蒸气；

⑧ 毒物进入口内：把5～10 mL稀硫酸铜溶液加入一杯温水中内服，把手指伸入喉部，促使呕吐，然后送医院。

四、实验室事故

（一）事故预防工作

① 在操作易燃、易爆的液体（如乙醚、乙醇、丙酮、苯、汽油等）时应远离火源，禁止将上述溶剂放入敞开容器；

② 易燃、易挥发物不得倒入废液缸内，应倒入指定回收瓶中；

③ 化学品不要沾在皮肤上，每次实验完毕后应立即洗手；

④ 严禁在实验室内吃东西、吸烟；

⑤ 不能用湿手去使用电器或手握湿物安装插头，实验完毕应首先切断电源，再拆卸装置。

（二）事故处理

① 着火：要保持冷静、不能惊慌失措；应将火源或电源切断，并迅速移去易燃物品，用砂或适宜的灭火器将火扑灭；无论使用哪一种灭火器材，都应从火的四周向中心扑灭火焰。

② 灼伤：浓酸、浓碱等灼伤时，立即用大量自来水冲洗，然后按以下操作处理：酸灼伤时，水冲洗后用3%～5%碳酸氢钠（或肥皂水、稀氨水）溶液处理，涂上凡士林或其他药物；碱灼伤时，水冲洗后用1%乙酸或6%硼酸溶液处理，涂凡士林或其他药物；一旦酸碱溅入眼内，应用大量水冲洗，再用1%碳酸氢钠溶液或1%硼酸溶液冲洗；最后用水洗。

③ 烫伤：轻者可用稀甘油、万花油、蓝油烃等涂抹患处；重者可用蘸有饱和苦味酸溶液

(或饱和高锰酸钾溶液)的棉球或纱布敷患处,必要时到医院处理,切忌用水冲洗。

④ 创伤:玻璃、铁屑等刺伤时,先取出异物,再用3%过氧化氢溶液或碘伏等涂抹、包扎;如出血过多或异物刺入得太深,应到医院处理。

第二节 环境监测实验的常见仪器和试剂

一、环境监测常见基本仪器

环境监测常见基本仪器见表1-1。

表1-1 环境监测实验基本仪器

仪器	规格	一般用途	使用注意事项
烧杯	以容积表示,如0~1000 mL,0~600 mL,0~400 mL,0~250 mL,0~100 mL,0~50 mL,0~25 mL	反应容器,反应物较多时用	① 可以加热至高温,使用时应注意勿使温度变化过于激烈;② 加热时底部垫石棉网,使其受热均匀
烧瓶	有平底和圆底之分,以容积表示,如0~1000 mL,0~500 mL,0~250 mL,0~100 mL,0~50 mL	反应物较多,且需长时间加热时用	① 可以加热至高温,使用时应注意勿使温度变化过于激烈;② 加热时底部垫石棉网,使其受热均匀
锥形瓶(三角烧瓶)	以容积表示,如0~500 mL,0~250 mL,0~100 mL	反应容器,摇荡比较方便,适用于滴定操作	① 可以加热至高温,使用时应注意勿使温度变化过于激烈;② 加热时底部垫石棉网,使其受热均匀
碘量瓶	以容积表示,如0~250 mL,0~100 mL	用于碘量法	① 塞子及瓶口边缘的磨砂部分注意勿擦伤,以免产生漏隙;② 滴定时打开塞子,用蒸馏水将瓶口及塞子上的碘液洗入瓶中

续表

仪　器	规　格	一般用途	使用注意事项
量筒　量杯	以容积表示,量筒:如0～250 mL,0～100 mL,0～50 mL,0～25 mL,0～10 mL; 量杯:0～100 mL,0～50 mL,0～20 mL,0～10 mL	用于液体体积计量	不能加热
移液管　吸量管	以容积表示,移液管:如0～50 mL,0～25 mL,0～10 mL,0～5 mL,0～2 mL,0～1 mL; 吸量管:如0～10 mL,0～5 mL,0～2 mL,0～1 mL;	用于精确量取一定体积的液体	不能加热
容量瓶	以容积表示,如0～1000 mL,0～500 mL,0～250 mL,0～100 mL,0～50 mL,0～25 mL	配制准确浓度的溶液时用	① 不能受热; ② 不能在其中溶解固体
(a)　(b) 滴定管	滴定管分酸式(a)和碱式(b),无色和棕色,以容积表示,如0～50 mL,0～25 mL	用于滴定操作或精确量取一定体积的溶液	① 碱式滴定管盛碱性溶液,酸式滴定管盛酸性、中性及氧化性溶液,二者不能混用; ② 碱式滴定管不能盛氧化剂; ③ 见光易分解的滴定液宜用棕色滴定管; ④酸式滴定管活塞应用橡皮圈固定,防止滑出跌碎

续表

仪器	规格	一般用途	使用注意事项
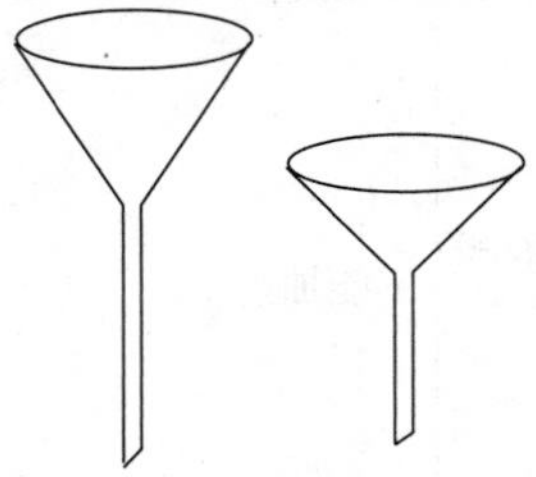 长颈漏斗　短颈漏斗	以口径和漏斗颈长短表示，如6 cm长颈漏斗、4 cm短颈漏斗	用于过滤或倾注液体	不能用火直接加热
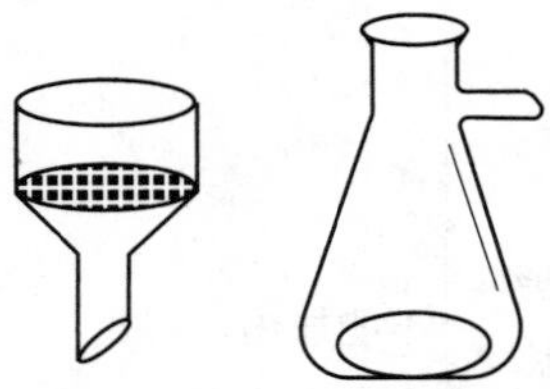 (a) 布氏漏斗　(b) 吸滤瓶	材料：布氏漏斗(a)瓷质、吸滤瓶(b)玻璃； 规格：布氏漏斗以直径表示，如10 cm，8 cm，6 cm，4 cm； 吸滤瓶以容积表示：如0～500 mL，0～250 mL，0～125 mL	用于减压过滤	不能用火直接加热
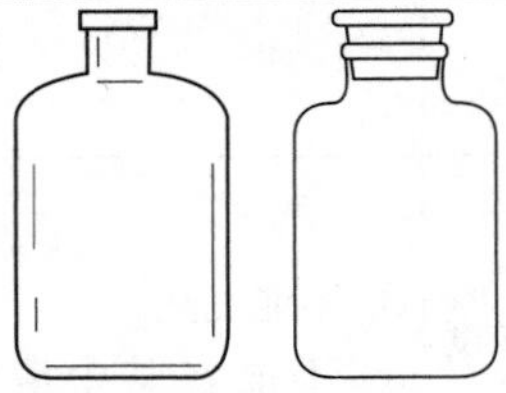 (a) 细口　(b) 广口 试剂瓶	材料：玻璃或塑料； 规格：细口(a)、广口(b)，无色、棕色； 以容积表示：如0～1000 mL，0～500 mL，0～250 mL，0～125 mL	广口瓶盛放固体试剂，细口瓶盛放液体试剂	① 不能加热； ② 取用试剂时，瓶盖应倒放在桌上； ③ 盛碱性物质要用橡皮塞或塑料瓶； ④ 见光易分解的物质用棕色瓶
 干燥器	以直径表示，如18 cm，15 cm，10 cm	① 定量分析时，将灼烧过的坩埚置其中冷却； ② 存放样品，以免样品吸收水气	① 灼烧过的物体放入干燥器时温度不能过高； ② 使用前要检查干燥器内的干燥剂是否有效
 胶头滴管	材料：由尖嘴玻璃管与橡皮乳头构成	① 吸取或滴加少量（数滴或1～2 mL）液体； ② 吸取沉淀的上层清液以分离沉淀	① 滴加时，保持垂直，避免倾斜，尤忌倒立； ② 管尖不可接触其他物体，以免玷污

续表

仪　器	规　格	一般用途	使用注意事项
滴瓶	有无色、棕色之分，以容积表示，如0～125 mL，0～60 mL	盛放每次使用只需数滴的液体试剂	① 见光易分解的试剂要用棕色瓶盛放；② 碱性试剂要用带橡皮塞的滴瓶盛放；③ 其他使用注意事项同滴管；④ 使用时切忌张冠李戴
(a) 高形称量瓶 (b) 扁形称量瓶	分高形(a)、扁形(b)，以外径×高表示，如高形25 mm×40 mm，扁形50 mm×30 mm	要求准确称取一定量的固体样品时用	① 不能直接用火加热；② 盖与瓶配套，不能互换
铁架、铁圈和铁夹		用于固定反应容器	应先将铁夹等升至合适高度并旋转螺丝，使之牢固后再进行实验
石棉网	以铁丝网边长表示，如15 cm×15 cm，20 cm×20 cm	加热玻璃反应容器时垫在容器的底部，能使加热均匀	不要与水接触，以免铁丝腐蚀，石棉脱落
试管刷	以大小和用途表示，如试管刷、烧杯刷	洗涤试管及其他仪器时用	洗涤试管时，要把前部的毛捏住放入试管，以免铁丝顶端将试管底戳破

续表

仪　器	规　格	一般用途	使用注意事项
药匙	材料：牛角或塑料	取固体试剂时用	① 取少量固体时用小的一端； ② 药匙大小的选择，应以盛取试剂后能放进容器口内为宜
研钵	材料：铁、瓷、玻璃、玛瑙等； 规格：以钵口径表示，如12 cm，9 cm	研磨固体物质时用	① 不能做反应容器； ② 只能研磨，不能敲击（铁研钵除外）
洗瓶	材料：塑料； 规格：多为500 mL	用蒸馏水或去离子水洗涤沉淀和容器时用	

二、环境监测常见化学试剂

化学试剂产品很多，门类很多，可分为无机试剂和有机试剂两大类，又可按用途分为标准试剂、一般试剂、高纯试剂、特效试剂、仪器分析专用试剂、指示剂、生化试剂、临床试剂、电子工业或食品工业专用试剂等。

世界各国对化学试剂的分类和分级及标准不尽相同。我国化学试剂产品有国家标准(GB)、专业(行业，ZB)标准及企业标准(QB)等。

国际标准化组织(ISO)和国际纯粹化学与应用化学联合会(IuPAC)也都有很多相应的标准和规定，例如，IU—PAC对化学标准物质的分级有A级、B级、C级、D级和E级：A级为原子量标准；B级为与A级最接近的基准物质；C级和D级为滴定分析标准试剂，含量分别为(100±0.02)%和(100±0.05)%；而E级为以C级或D级试剂为标准进行对比测定所得的纯度或相当于这种纯度的试剂。我国的主要国产标准试剂和一般试剂的等级及用途见表1-2。

表1-2　我国的主要国产标准试剂和一般试剂的等级及用途

标准试剂类别(级别)	主要用途	相当于IUPAC的级别
容量分析第一基准	容量分析工作基准试剂的定值	
容量分析工作基准	容量分析标准溶液的定值	
容量分析标准溶液	容量分析测定物质的含量	C
杂质分析标准溶液	仪器及化学分析中用作杂质分析的标准	D
一级pH基准试剂	pH基准试剂的定值和精密pH计的校准	E
pH基准试剂	pH计的定位(校准)	
有机元素分析标准	有机物的元素分析	C
热值分析标准	热值分析仪的标定	D
农药分析标准	农药分析的标准	E
临床分析标准	临床分析化验标准	
气相色谱分析标准	气相色谱法进行定性和定量分析的标准	

一般试剂级别	中文名称	英文符号	标签颜色	主要用途
一级	优级纯(保证试剂)	GR	深绿色	精密分析实验
二级	分析纯(分析试剂)	AR	红色	一般分析实验
三级	化学纯	CP	蓝色	一般化学实验
生化试剂	生化试剂			
	生物染色剂	BR	咖啡色	生物化学实验

化学试剂中，指示剂纯度往往不太明确，除少数标明“分析纯”“试剂四级”外，经常遇到只写明“化学试剂”“企业标准”或“生物染色素”等。常用的有机溶剂、掩蔽剂等，也经常有级别不明的情况，平常只可作为“分析纯”试剂使用，必要时需进行提纯。例如，三乙醇胺中铁含量较大，而又常用来掩蔽铁，因此使用该试剂时，必须注意。

此外，还有一些特殊用途的所谓高纯试剂。例如，“色谱纯”试剂是在最高灵敏度下以 10^{-10} g下无杂质峰来表示的；“光谱纯”试剂是以光谱分析时出现的干扰谱线的数目强度大小来衡量的，往往含有该试剂各种氧化物，所以它不能认为是化学分析的基准试剂，这点须特别注意；“放射化学纯”试剂是以放射性测定时出现干扰的核辐射强度来衡量的；“MOS”级试剂是“金属-氧化物-半导体”试剂的简称，是电子工业专用的化学试剂，等等。

在一般分析工作中，通常要求使用AR级的分析纯试剂；常用化学试剂的检验除经典的湿法化学方法之外，已愈来愈地使用物理化学方法和物理方法，如原子吸收光谱法、发射光谱法、电化学方法、紫外、红外和核磁共振分析法以及色谱法等；高纯试剂的检验无疑只能选用比较灵敏的痕量分析方法。

实验工作者必须对化学试剂标准有明确的认识，做到科学地存放和合理地使用化学试剂，既不超规格造成浪费，又不随意降低规格而影响分析结果的准确度。

第三节　环境监测实验基本仪器操作

一、玻璃器皿的洗涤和干燥

（一）玻璃器皿的洗涤

洗涤仪器是一项很重要的操作，不仅是实验前必须做的准备工作，也是一个技术性的工作。仪器洗得是否合格，器皿是否干净，直接影响实验结果的可靠性与准确度。不同的分析任务对仪器洁净程度的要求不同，但至少都应达到倾去水后器壁上不挂水珠的程度。

一般说来，附着在仪器上的污物有尘土和其他不溶性物质、可溶性物质、有机物和油垢，针对这些不同污物，可以分别用下列方法洗涤。

1. 用水刷洗

可除去可溶物和其他不溶性杂质、附着在器皿上的尘土，但洗不去油污和有机物。

2. 用去污粉、洗衣粉和合成洗涤剂洗

去污粉是由碳酸钠、白土和细砂混合而成。细砂有损玻璃，一般不使用。市售的餐具洗涤灵是以非离子表面活性剂为主要成分的中性洗液，可配成1%～2%的水溶液（也可用5%的洗衣粉水溶液）刷洗仪器，温热的洗涤液去污能力更强，必要时可短时间浸泡。

3. 铬酸洗液(因毒性较大尽可能不用)

铬酸洗液配制：8.0 g重铬酸钾用少量水润湿，慢慢加入180 mL浓硫酸，搅拌以加速溶解，冷却后储存于磨口小口棕色试剂瓶中。

铬酸洗液有很强的氧化性和酸性，对有机物和油垢的去污能力特别强。洗涤时，被洗涤器皿尽量保持干燥，倒少许洗液于器皿中，转动器皿使其内壁被洗液浸润（必要时可用洗液浸泡），然后将洗液倒回洗液瓶以备再用（颜色变绿即失效，可加入固体高锰酸钾使其再生。这样，实际消耗的是高锰酸钾，可减少六价铬对环境的污染），再用水冲洗器皿内残留的洗液，直至洗净为止。

4. 用特殊的试剂洗

特殊的污垢应选用特殊试剂洗涤，如仪器上沾有较多MnO_2，用酸性硫酸亚铁溶液或稀H_2O_2溶液洗涤，效果会更好些。

不论用上述哪种方法洗涤器皿，最后都必须用自来水冲洗，当倾去水后，内壁只留下均匀一薄层水，如壁上挂着水珠，说明没有洗净，必须重洗，直到器壁上不挂水珠，再用蒸馏水或去离子水荡洗3次。

（二）玻璃仪器的干燥

环境监测实验往往要求使用干燥的玻璃仪器，因此要养成在每次实验后马上把玻璃仪器洗净和倒置使之干燥的习惯。不同的实验操作，对仪器是否干燥及干燥程度要求不同。有些可以是湿的，有的则要求是干燥的，应根据实验要求来干燥仪器。

1. 自然晾干

仪器洗净后倒置，控去水分，自然晾干。

2. 烘干

110～120 ℃烘 1 h，置于保干器保存，放置仪器时，仪器口应朝下。

3. 用有机溶剂干燥

在洗净仪器内加入少量有机溶剂（最常用的是乙醇和丙酮），转动仪器使容器中的水与其混合，倾出混合液（回收），用电吹风吹冷风，待稍干后再吹热风使干燥完全（直接吹热风有时会使有机蒸气爆炸），然后再吹冷风使仪器冷却；若任其自然冷却，有时会在容器壁上凝上一层水汽。可晾干或用电吹风将仪器吹干（不能放烘箱内干燥）。

带有刻度的量器不能用加热的方法进行干燥，一般可晾干或采用有机溶剂的干燥的方法，吹风时宜用冷风。

二、环境监测基本仪器的使用方法

（一）量筒

量筒是用来量取一定体积液体的量器，读数时应使眼睛的视线和量筒内弯月面的最低点保持水平（图 1-1）。

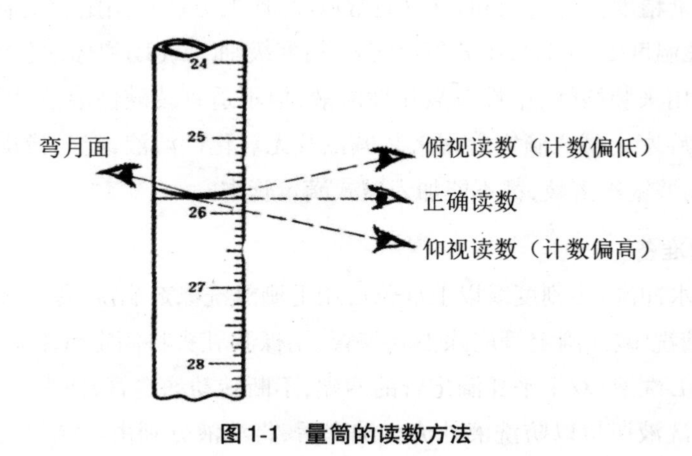

图 1-1　量筒的读数方法

（二）滴定管

滴定管是滴定时可准确测量滴定剂体积的玻璃量器，它的主要部分管身是细长且内径均匀的玻璃管，上面刻有均匀的分度线，线宽不超过0.3 mm；下端的流液口为一尖嘴；中间通过玻璃旋塞或乳胶管(配以玻璃珠)连接以控制滴定速度。滴定管分为酸式滴定管(图1-2(a))和碱式滴定管(图1-2(b))。

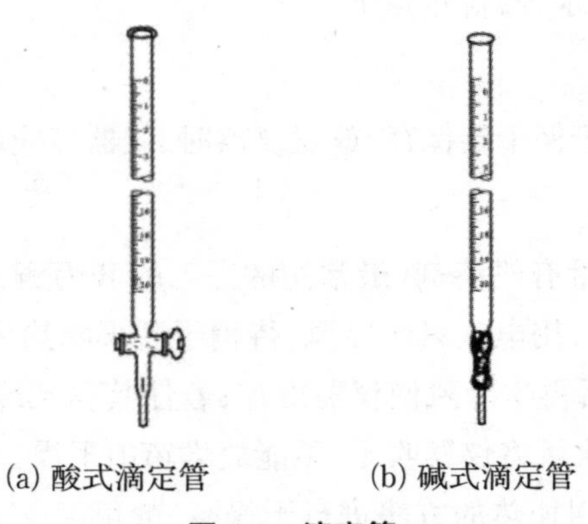

(a) 酸式滴定管　　(b) 碱式滴定管

图1-2　滴定管

滴定管的总容量最小的为1 mL，最大的为100 mL，常用的是10 mL，25 mL和50 mL的滴定管，国家规定的容量允差如表1-3所示。

表1-3　常用滴定管的容量允差

标称总容量(mL)		2	5	10	25	50	100
分度值(mL)		0.02	0.02	0.05	0.1	0.1	0.2
容量允差(mL)(±)	A	0.010	0.010	0.025	0.05	0.05	0.10
	B	0.020	0.020	0.050	0.10	0.10	0.20

滴定管的容量精度分为A级和B级；通常以喷、印的方法在滴定管上制出耐久性标志如制造厂商标、标准温度(20 ℃)、量出式符号(Ex)、精度级别(A或B)和标称总容量(mL)等。

酸式滴定管用来装酸性、中性及氧化性溶液，但不适宜装碱性溶液，因为碱性溶液能腐蚀玻璃的磨口和旋塞。碱式滴定管用来装碱性及无氧化性溶液，能与橡皮起反应的溶液如高锰酸钾、碘和硝酸银等溶液，都不能加入碱式滴定管中。

1. 滴定管的准备

一般用自来水冲洗，零刻度线以上部位可用毛刷蘸洗涤剂刷洗，零刻度线以下部位如不干净，则采用洗液洗(碱式滴定管应除去乳胶管，用橡胶乳头将滴定管下口堵住)。少量的污垢可装入约10 mL洗液，双手平托滴定管的两端，不断转动滴定管，使洗液润洗滴定管内壁，操作时管口对准洗液瓶口以防洗液外流。洗完后，将洗液分别由两端放出。如果滴定管太脏，可将洗液装满整根滴定管浸泡一段时间。为防止洗液流出，在滴定管下方可放一烧杯。最后用自来水、蒸馏水洗净。洗净后的滴定管内壁应被水均匀润湿而不挂水珠，如挂水珠，应重新洗涤。

酸式滴定管(简称酸管)为使玻璃旋塞转动灵活,必须在塞子与塞座内壁涂少许凡士林。旋塞涂凡士林可用下面两种方法进行:一是用手指将凡士林涂润在旋塞的大头上(A部),另用火柴杆或玻璃棒将凡士林涂润在相当于旋塞B部的滴定管旋塞套内壁部分,如图1-3所示。

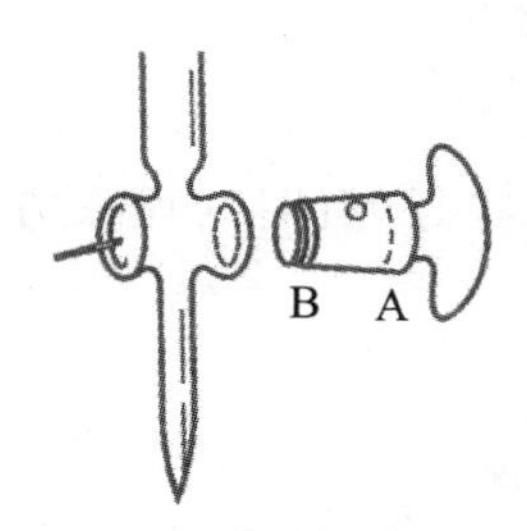

图1-3　旋塞涂凡士林操作(1)

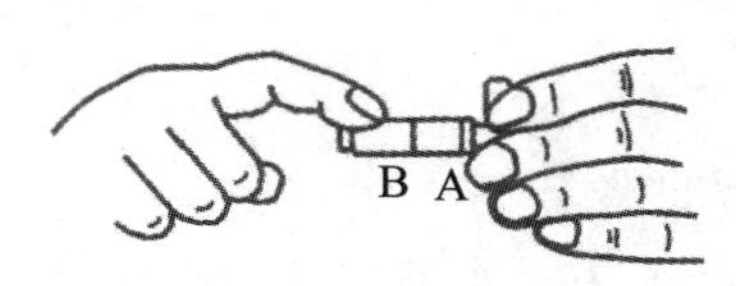

图1-4　旋塞涂凡士林操作(2)

另一种方法是用手指蘸凡士林,均匀地在旋塞A,B两部分涂上薄薄的一层(注意,滴定管旋塞套内壁不涂凡士林),如图1-4所示。

凡士林不要涂得太多,以免堵住旋塞孔,也不要涂得太少,涂得太少则达不到转动灵活和防止漏水之目的。涂凡士林后,将旋塞直接插入旋塞套中,插入时旋塞孔应与滴定管平行,此时旋塞不要转动,以避免将凡士林挤到旋塞孔中去;插好后,向同一方向不断旋转旋塞,直至旋塞全部呈透明状为止。旋转时,应有一定的向旋塞小头部分方向挤的力,以免来回移动旋塞,使塞孔受堵。最后将橡皮圈套在旋塞的小头部分沟槽上(注意,不允许用橡皮筋绕)。涂凡士林后的滴定管,旋塞应转动灵活,凡士林层中没有纹络,旋塞呈均匀的透明状态。

旋塞孔或出口尖嘴被凡士林堵塞时,可将滴定管充满水,再将旋塞打开,用洗耳球在滴定管上部挤压、鼓气,如此可将凡士林排除。

碱式滴定管(简称碱管)使用前,应检查橡胶管(医用胶管)是否老化、变质,检查玻璃珠是否适当,玻璃珠过大不便操作,过小则会漏水。如不合要求,应及时更换。

2. 滴定操作

练习滴定操作时,应很好地领会和掌握下面几个方面的内容。

(1) 操作溶液的装入

将溶液装入酸管或碱管之前,应将试剂瓶中的溶液摇匀,使凝结在瓶内壁上的水珠混入溶液,在天气比较热或室温变化较大时,此项操作更为必要。混匀后的操作溶液应直接倒入滴定管中,不得用其他容器(如烧杯、漏斗等)来转移。先将操作液润洗滴定管内壁3次,每次10~15 mL。最后将操作液直接倒入滴定管,直至充满至零刻度以上为止。

(2) 管嘴气泡的检查及排除

管充满操作液后,应检查管的出口下部尖嘴部分是否充满溶液,是否留有气泡。为了排除碱管中的气泡,可将碱管垂直地夹在滴定管架上,左手拇指和食指捏住玻璃珠部位,使医用胶管向上弯曲翘起,并捏挤医用胶管,使溶液从管口喷出,即可排除气泡(图1-5)。酸管的气泡一般容易看出,当有气泡时,右手拿滴定管上部无刻度处,并使滴定管倾斜45°,左手迅

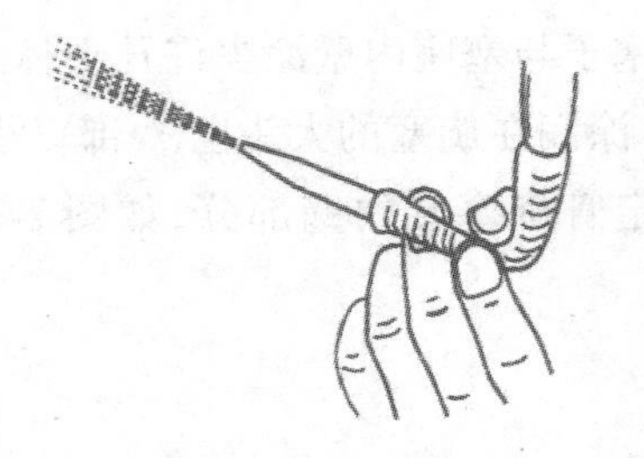

图1-5　碱式滴定管排气泡的方法

速打开活塞,使溶液冲出管口,反复数次,一般即可达到排除酸管出口处气泡的目的。由于目前酸管制作有时不合规格要求,因此,按上法仍无法保证排除酸管出口处的气泡。这时可在出口尖嘴处接上一根约10 cm的医用胶管,然后,按碱管排气的方法进行操作。

(3) 滴定姿势

站着滴定时要求站立好,有时为操作方便也可坐着滴定。

(4) 酸管的操作

使用酸管时,左手握滴定管,其无名指和小指向手心弯曲,轻轻地贴着出口部分,用其余三指控制旋塞的转动,如图1-6所示。但应注意,不要向外用力,以免推出旋塞造成漏水,应使旋塞稍有一点向手心的回力。当然,也不要过分往里用太大的回力,以免造成旋塞转动困难。

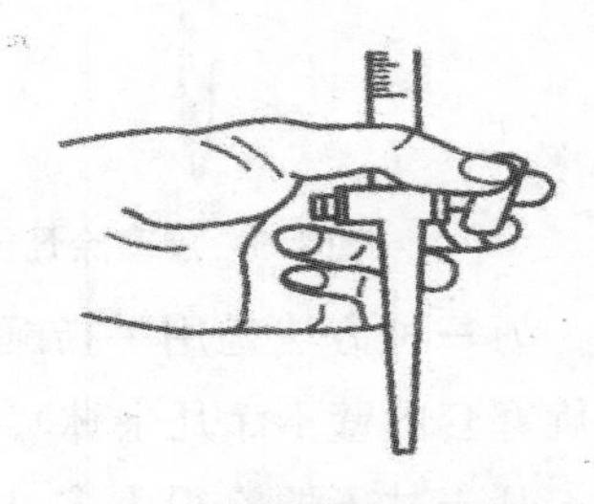

图1-6　酸式滴定管的操作

(5) 碱管的操作

使用碱管时,仍以左手握管,其拇指在前,食指在后,其他三指辅助夹住出口管。用拇指和食指捏住玻璃珠所在部位,向右边挤医用胶管,使玻璃珠移至手心一侧,这样,溶液即可从玻璃珠旁边的空隙流出(图1-7)。必须注意,不要用力捏玻璃珠,也不要使玻璃珠上下移动,更不要捏玻璃珠下部胶管,以免空气进入而形成气泡,影响读数。

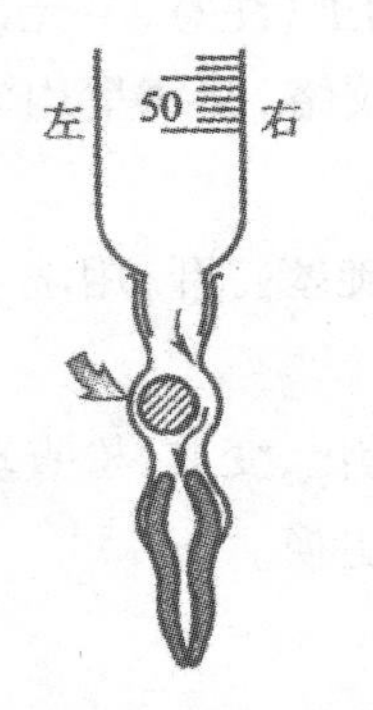

图1-7　碱式滴定管的操作

(6) 边滴边摇瓶

要配合好滴定操作,可在锥形瓶或烧杯内进行,在锥形瓶中进行滴定时,用右手的拇指、食指和中指拿住锥形瓶,其余两指辅助在下侧,使瓶底离滴定台高2～3 cm,滴定管下端伸入瓶口内约1 cm。左手握住滴定管,按前述方法,边滴加溶液,边用右手摇动锥形瓶,边滴边摇动。其两手操作姿势如图1-8所示。

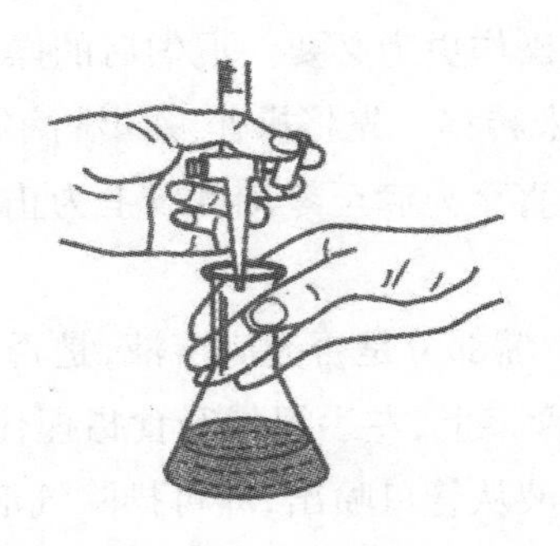

图1-8　两手操作姿势

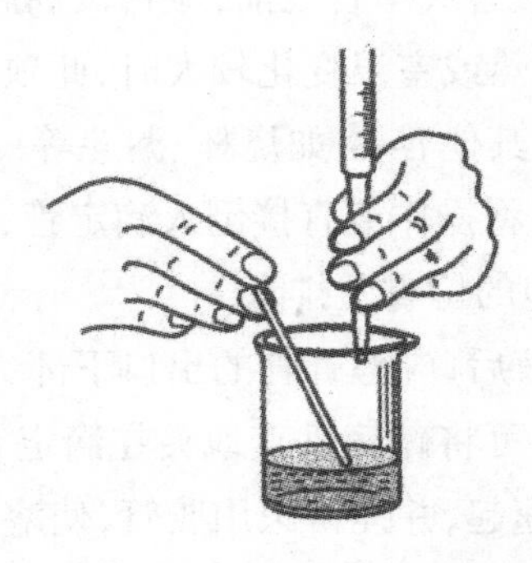

图1-9　在烧杯中的滴定操作

在烧杯中滴定时，将烧杯放在滴定台上，调节滴定管的高度，使其下端伸入烧杯内约1 cm。滴定管下端应在烧杯中心的左后方处(放在中央影响搅拌，离杯壁过近不利搅拌均匀)。左手滴加溶液，右手持玻璃棒搅拌溶液，如图1-9所示。玻璃棒应作圆周搅动，不要碰到烧杯壁和底部。当滴至接近终点只滴加半滴溶液时，用玻璃棒下端承接此悬挂的半滴溶液于烧杯中，但要注意，玻璃棒只能接触液滴，不能接触管尖，其余操作同前所述。

进行滴定操作时，应注意如下几个问题：

① 最好每次滴定都从0.00 mL开始，或接近0的任一刻度开始，这样可以减少滴定误差。

② 滴定时，左手不能离开旋塞，而任溶液自流。

③ 摇瓶时，应微动腕关节，使溶液向同一方向旋转(左、右旋转均可)，不能前后振动，以免溶液溅出；不要因摇动使瓶口碰在管口上，以免造成事故；摇瓶时，一定要使溶液旋转出现有一旋涡，因此，要求有一定速度，不能摇得太慢，影响化学反应的进行。

④ 滴定时，要观察滴落点周围颜色的变化，不要去看滴定管上的刻度变化，而不顾滴定反应的进行。

⑤ 滴定速度的控制：一般开始时，滴定速度可稍快，呈“见滴成线”，这时为10 mL/min，即每秒3～4滴。但不要滴成“水线”，那样的滴定速度太快；接近终点时，应改为一滴一滴加入，即加一滴摇几下，再加，再摇；最后是每加半滴，摇几下锥形瓶，直至溶液出现明显的颜色变化为止。

⑥ 半滴的控制和吹洗：快到滴定终点时，要一边摇动，一边逐滴地滴入，甚至是半滴半滴地滴入。学生应该扎扎实实地练好加入半滴溶液的方法。用酸管时，可轻轻转动旋塞，使溶液悬挂在出口管嘴上，形成半滴，用锥瓶内壁将其沾落，再用洗瓶吹洗。对碱管，加半滴溶液时应先松开拇指与食指，将悬挂的半滴溶液沾在锥瓶内壁上，再放开无名指和小指，这样可避免出口管尖出现气泡。

滴入半滴溶液时，也可采用倾斜锥瓶的方法，将附于壁上的溶液涮至瓶中，这样可避免吹洗次数太多，造成被滴物过度稀释。

⑦ 滴定管的读数应注意管出口嘴尖上有无挂着水珠，若在滴定后挂有水珠，是无法准确读数的。

一般读数应遵守下列原则：

第一，读数时应将滴定管从滴定管架上取下，用右手大拇指和食指捏住滴定管上部无刻度处，其他手指从旁辅助，使滴定管保持垂直，然后再读数。一般不宜采用把滴定管夹在滴定管架上读数的方法，因为很难确保滴定管的垂直和读数准确。

第二，由于水的附着力和内聚力的作用，滴定管内的液面呈弯月形，无色和浅色溶液的弯月面比较清晰，读数时，应读弯月面下缘实线的最低点，为此，读数时，视线应与弯月面下缘实线的最低点相切，即视线应与弯月面下缘实线的最低点在同一水平面上。对于有色溶液(如$KMnO_4$，I_2等)，其弯月面是不够清晰的，读数时，视线应与液面两侧的最高点相切，这样才较易读准。

第三，为便于读数准确，在管装满或放出溶液后，必须等1～2 min，使附着在内壁的溶液流下来后，再读数。如果放出液的速度较慢(如接近计量点时就是如此)，那么可只等0.5～1 min后读数。记住，每次读数前，都要看一下，管壁有没有挂水珠，管的出口尖嘴处有无悬液滴，管嘴有无气泡。

第四，读取的值必须读至毫升小数点后第二位，即要求估计到0.01 mL。正确掌握估计0.01 mL读数的方法很重要，因为滴定管上两个小刻度之间为0.1 mL，是如此之小，要估计其十分之一的值，对一个分析工作者来说是要进行严格训练的。为此，可以这样来估计：当液面在此两小刻度之间时，即为0.05 mL；若液面在两小刻度的1/3处时，即为0.03 mL或0.07 mL；当液面在两小刻度的1/5时，即为0.02 mL或0.08 mL，等等。

第五，蓝带滴定管的读数方法与上述相同。当蓝带滴定管盛溶液后将有似两个弯月面的上下两个尖端相交，此上下两尖端相交点的位置，即为蓝带管的读数的正确位置。

第六，为便于读数，可采用读数卡，它有利于初学者练习读数。读数卡是用贴有黑纸或涂有黑色长方形(约3 cm×1.5 cm)的白纸卡制成。读数时，将读数卡放在滴定管背后，使黑色部分在弯月面下约1 mL处，此时即可看到弯月面的反射层全部成为黑色。然后，读此黑色弯月面下缘的最低点。然而，对有色溶液须读其两侧最高点时，须用白色卡片作为背景。

（三）容量瓶

容量瓶是一种细颈梨形的平底玻璃瓶，带有玻璃磨口玻璃塞或塑料塞，可用橡皮筋将塞子系在容量瓶的颈上。颈上有标度刻线，一般表示20 ℃时液体充满标度刻线时的准确容积。

容量瓶的精度级别分为A级和B级，国家规定的容量允差列于表1-4。

表1-4　常用容量瓶的容量允差

标称容量(mL)		5	10	25	50	100	200	250	500	1000	2000
容量允差(mL)(±)	A	0.02	0.02	0.03	0.05	0.10	0.15	0.15	0.25	0.40	0.60
	B	0.04	0.04	0.06	0.10	0.20	0.30	0.30	0.50	0.80	1.20

容量瓶主要用于配制准确浓度的溶液或定量地稀释溶液，故常和分析天平、移液管配合使用，把配成溶液的某种物质分成若干等分或不同的质量。为了正确地使用容量瓶，应注意以下几点。

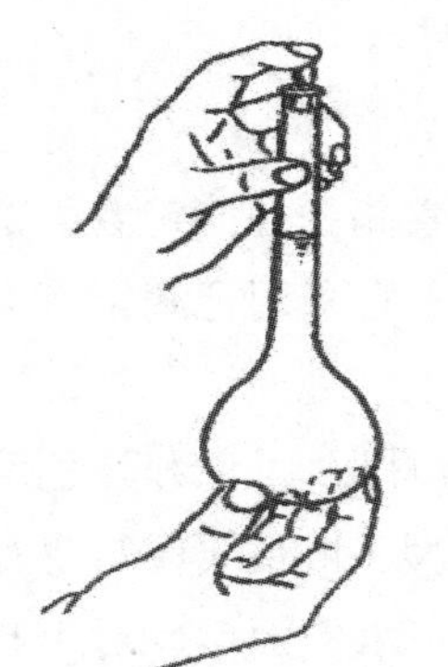

图1-10　检查漏水和混匀溶液操作

1. 容量瓶的检查

① 瓶塞是否漏水；

② 标度刻线位置距离瓶口是否太近。

如果漏水或标线离瓶口太近，不便混匀溶液，则不宜使用。

检查瓶塞是否漏水的方法如下：加自来水至标度刻线附近，盖好瓶塞后，左手用食指按住塞子，其余手指拿住瓶颈标线以上部分，右手用指尖托住瓶底边缘，如图1-10所示。将瓶倒立2 min,如不漏水,将瓶直立,转动瓶塞180°后,再倒立2 min检查,如不漏水,方可使用。

2. 溶液的配制

用容量瓶配制标准溶液或分析试液最常用的方法是将待溶固体称出置于小烧杯中,加水或其他溶剂将固体溶解,然后将溶液定量转入容量瓶中。定量转移溶液时,右手拿玻璃棒,左手拿烧杯,使烧杯嘴紧靠玻璃棒,而玻璃棒则悬空伸入容量瓶口中,棒的下端应靠在瓶颈内壁上,使溶液沿玻璃棒和内壁流入容量瓶中,如图1-11所示。烧杯中溶液流完后,将玻璃棒和烧杯稍微向上提起,并使烧杯直立,再将玻璃棒放回烧杯中。然后,用洗瓶吹洗玻璃棒和烧杯内壁,再将溶液定量转入容量瓶中。如此吹洗、转移的定量转移溶液的操作,一般应重复5次以上,以保证定量转移。然后加水至容量瓶的3/4左右容积时,用右手食指和中指夹住瓶塞的扁头,将容量瓶拿起,按同一方向摇动几周,使溶液初步混匀。继续加水至距离标度刻线约1 cm处后,等1~2 min使附在瓶颈内壁的溶液流下,再用细而长的滴管滴加水至弯月面下缘与标度刻线相切(注意,勿使滴管接触溶液,也可用洗瓶加水至刻度)。无论溶液有无颜色,其加水位置均以使水至弯月面下缘与标度刻线相切为标准。当加水至容量瓶的标度刻线时,盖上干燥的瓶塞,用左手食指按住塞子,其余手指拿住瓶颈标线以上部分,而用右手的全部指尖托住瓶底边缘,然后将容量瓶倒转,使气泡上升到顶,使瓶振荡混匀溶液;再将瓶直立过来,又再将瓶倒转,使气泡上升到顶部,振荡溶液,如此反复10次左右。

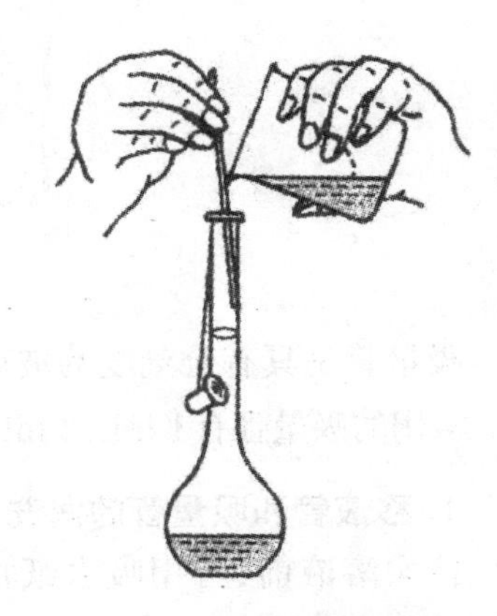

图1-11 转移溶液的操作

3. 稀释溶液

用移液管移取一定体积的溶液于容量瓶中,加水至标度刻线,按前述方法混匀溶液。

4. 不宜长期保存试剂溶液

如配好的溶液需作保存,应转移至磨口试剂瓶中,不要将容量瓶当作试剂瓶使用。

5. 使用完毕应立即用水冲洗干净

如长期不用,磨口处应洗净擦干,并用纸片将磨口隔开。

不得在烘箱中烘烤容量瓶,也不能在电炉等加热器上直接加热容量瓶。如需使用干燥的容量瓶,可将容量瓶洗净后,用乙醇等有机溶剂荡洗后晾干或用电吹风的冷风吹干。

(四) 移液管和吸量管

移液管是用于准确量取一定体积溶液的量出式玻璃量器,它的中间有一膨大部分(图1-12(a)),管颈上部刻有一圈标线,在标明的温度下,使溶液的弯月面与移液管标线相切,让溶液按一定的方法自由流出,则流出的体积与管上标明的体积相同。移液管按其容量精度分为A级和B级,国家规定的容量允差见表1-5(GB 12808—91)。

表1-5　常用移液管的容量允差

标称容量(mL)		2	5	10	20	25	50	100
容量允差(mL)(±)	A	0.010	0.015	0.020	0.030	0.030	0.050	0.080
	B	0.020	0.030	0.040	0.060	0.060	0.100	0.160

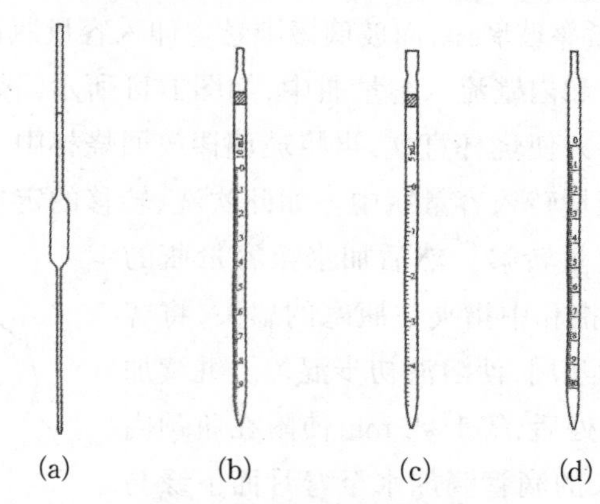

图1-12　移液管和吸量管

吸量管是具有分刻度的玻璃管,如图1-12(b),(c),(d)所示,它一般只用于量取小体积的溶液。常用的吸量管有1 mL,2 mL,5 mL,10 mL等规格,吸量管吸取溶液的准确度不如移液管。

1. 移液管和吸量管的润洗

移取溶液前,可用吸水纸将洗干净的管的尖端内外的水除去,然后用待吸溶液润洗3次。方法是:用左手持洗耳球,将食指或拇指放在洗耳球的上方,其余手指自然地握住洗耳球,用右手的拇指和中指拿住移液或吸量标线以上的部分,无名指和小指辅助拿住移液管,将洗耳球对准移液管口,如图1-13所示,将管尖伸入溶液或洗液中吸取,待吸液吸至球部的1/4处(注意,勿使溶液流回以免稀释溶液)时,移出、荡洗、弃去,如此反复荡洗3次,润洗过的溶液应从尖口放出、弃去。荡洗这一步骤很重要,它是保证使管的内壁及有关部位与待吸溶液处于同一体系浓度状态。

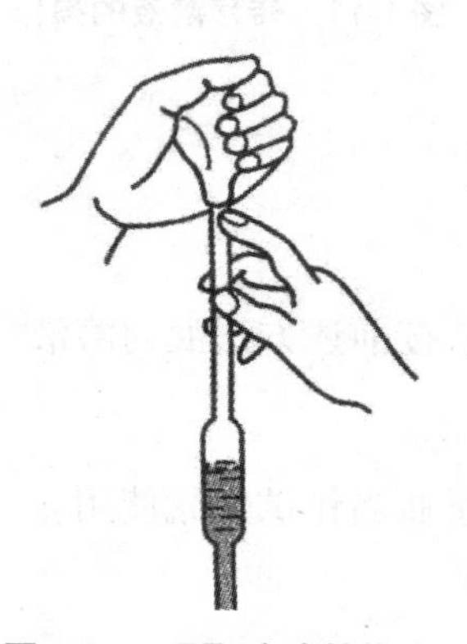

图1-13　吸取溶液的操作

吸量管的润洗操作与此相同。

2. 移取溶液

管经润洗后,移取溶液时,将管直接插入待吸液液面下1～2 cm处。管尖伸入不应太浅,以免液面下降后造成吸空;伸入也不应太深,以免移液管外部附有过多的溶液。吸液时,应注意容器中液面和管尖的位置,应使管尖随液面下降而下降。当洗耳球慢慢放松时,管中的液面徐徐上升,当液面上升至标线以上时,迅速移去吸耳球。与此同时,用右手食指堵住管口,左手改拿盛待吸液的容器。然后,将移液管往上提起,使之离开液面,并将管的下端原伸入溶液的部分沿待吸液容器内部轻转两圈，以除去管壁上的溶液。然后使容器倾斜成约30°其内壁与移液管尖紧贴，此时右手食指微微松动，使液面缓慢下降，直到视线平视时弯月面与标线相切时立即用食指按紧管口。移开待吸液容器，左手改拿接收溶液的容器，并将接收容器倾斜，使内壁紧贴移液管尖，成30°左右。然后放松右手食指，使溶液自然地顺壁流下，如图1-14所示。待液面下降到管尖后，等15 s左右，移出移液管。这时，可见管尖部位仍留有少量溶液，除特别注明"吹"字的以外，一般此管尖部位留存的溶液是不能吹入接收容器中的，因为在工厂生产检定移液管时是没有把这部分体积算进去的。但必须指出，由于一些管口尖部做得不很圆滑，因此可能会由于随靠接受容器内壁的管尖部位不同方位而留存在管尖部位的体积有大小的变化，为此，可在等15 s后，将管身往左右旋动一下，这样管尖部分每次留存的体积将会基本相同，不会导致平行测定时出现过大误差。

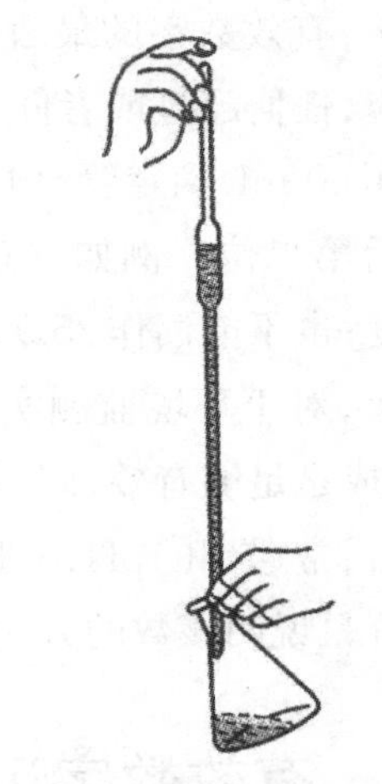
图1-14 放出溶液的操作

用吸量管吸取溶液时，大体与上述操作相同。但吸量管上常标有"吹"字，特别是1 mL以下的吸量管尤其是如此，对此，要特别注意。

第四节 实验数据处理

一、有效数字

有效数字就是实际测量中得到的数字。它的定义是：从仪器上能直接读出（包括估读的最后一位数字）的几位数字，也就是说，在一个数据中，除最后一位是不确定的或可疑的外，其他各位都是确定的。例如，用50 mL滴定管滴定，最小刻度为0.1 mL，所得到的体积读数是25.87 mL，表示前3位数是准确的，只有第4位是估读出来的，属于可疑数字，那么这4位数字都是有效数字，它不仅表示滴定体积为25.87 mL，而且说明计量的精度为±0.1 mL。

在确定有效数字位数时，首先应注意数字"0"的意义，如果作为普通数字使用，它就是有效数字，例如滴定管读数20.00 mL，其中的3个"0"都是有效数字；如果"0"只起定位作用，它就不是有效数字了。例如，某标准物质的质量为0.0566 g，这一数据中，数字前部的"0"只起定位作用，与所取的单位有关，若以毫克为单位，则应为56.6 mg。

有效数字的位数可以用下面几个数值来说明：

数值	18.00	18.0	18	0.1080	0.108	0.0180	0.0018
有效数字位数	4位	3位	2位	4位	3位	3位	2位

其次,有效数字的最后一位不是十分准确的。有效数字的位数应与测量仪器的精确程度相对应,任何超过或者低于仪器精密度的有效数字的数字都是不恰当的。例如,如果计量要求使用50 mL滴定管,由于它可以读至±0.01 mL,那么数据的记录就必须而且只能记到小数点后第二位。例如,前述滴定管的读数25.87 mL,既不能读作25.870 mL,夸大了实验的精确度;也不能读作25.9 mL,缩小实验的精确度。

再次,对于环境监测实验计算中常遇到的一些分数和倍数关系,由于它们并非测量所得,应看成是足够有效,即不能根据它来确定计算结果的有效数字的位数。

最后,常遇到的pH,pM,lg$K$等对数值,它们有效数字的位数仅取决于小数部分的位数,整数部分只说明该数的方次。例如,pH=11.02,它只有两位有效数字。

二、有效数字运算规则

一般实验中进行的各种测量所得到的数据大多是被用来计算实验结果的,而每种测量值的误差都要传递到结果里面。因此,我们必须运用有效数字的运算规则,做到合理取舍,既不无原则地过多保留数字位数使计算复杂化,也不舍弃任何尾数而使准确度受到损失。

舍去多余数字的过程称为数字修约过程,所遵循的数字修约规则目前多采用"四舍六入五留双"规则。例如,3.1424,3.2156,5.6235,4.6245等修约成4位时应为3.142,3.216,5.624,4.624。

当测定结果是几个测量值相加或相减时,保留有效数字的位数取决于小数点后位数最少的一个,也就是绝对误差最大的一个。例如,将0.0121,25.64及1.05782三数相加,由于每个数据的最末一位都是可疑的,其中25.64小数点后第二位已不准确了,即小数点后第二位开始就与准确的有效数字相加,得出的数字也不会准确了,因此,计算结果应为0.01+25.64+1.06=26.71。

在几个数据的乘除运算中,保留有效数字的位数取决于有效数字位数最少的一个,也就是相对误差最大的一个。例如,

$$\frac{0.0325 \times 5.103 \times 60.06}{139.8} = 0.0712$$

各数的相对误差分别为

$$0.0325: \frac{\pm 0.0001}{0.0325} = 3‰$$

5.103:±0.2‰

60.06:±0.2‰

139.8:±0.7‰

可见,4个数中相对误差最大的即准确度最差的是0.0325,是3位有效数字,因此计算结果也应取3位有效数字0.0712。

有时一个计算结果在下一步计算时仍需使用,可暂时多保留一位,以免由于多次"四舍六入五留双"引入较大误差,最后的计算结果再用上述原则将多余数字弃去。另外,对于第

一位数值等于或大于8的位数,在运算过程中有效数字的总位数可多保留一位。采用计算器连续运算的过程中可能保留过多的位数,但最后结果应保留适当的位数,以正确表达分析结果的准确度。

三、误差分析

化学计量中误差是客观存在的。在环境监测的计算中,所用的数据、常数大多数来自实验,是通过计量或测定得到的。这些数据或常数的计量或测定所采用的计量装置本身有一定的测量误差,计量过程中也存在误差。在物质组成的测定中,即使用最可靠的分析方法,使用最精密的仪器,由很熟练的分析人员进行测定,也不可能得到绝对准确的结果。同一个人对同一样品进行多次测定,结果也不尽相同。在实验数据的计算中还常碰到许多近似处理,这种近似处理所求得的结果与精确计算所得结果也存在一定的误差。因此,我们有必要先来了解实验过程中,特别是物质组成测定过程中误差产生的原因及误差出现的规律。

(一)计量或测定中的误差

计量或测定中的误差是指测定结果与真实结果之间的差值。根据误差产生的原因及性质,误差可以分为系统误差和偶然误差。

1. 系统误差

系统误差是由测定过程中某些经常性的、固定的原因所造成的比较恒定的误差。它常使测定结果偏高或偏低,在同一测定条件下重复测定中,误差的大小及正负可重复显示并可以测量,它主要影响分析结果的准确度,对精密度影响不大,而且可通过适当的校正来减小或消除它,以达到提高分析结果的准确度。系统误差产生的原因有下列几种:

(1) 方法误差

这是由于测定方法本身不够完善而引入的误差,即使操作再仔细也无法克服。例如,质量分析中由于沉淀溶解损失而产生的误差,滴定分析中由于指示剂选择不够恰当而造成的误差,这些都属于方法误差。

(2) 仪器误差

由仪器本身的缺陷或仪器没有调整到最佳状态所造成的误差,如天平两臂不相等,砝码、滴定管、容量瓶、移液管等未经校正,在使用过程中就会引入误差。

(3) 试剂误差

它来源于试剂不纯和蒸馏水不纯,含有被测组分或有干扰的杂质等。

(4) 操作误差

由于操作人员主观原因造成的误差。例如,对终点颜色的辨别偏深或偏浅;读数偏高或偏低;平行实验时,主观希望前后测定结果吻合等所引起的操作误差。如果是由于分析人员工作粗心、马虎所引入的误差,只能称为工作的过失,不能算是操作误差。

2. 偶然误差

偶然误差是由于在测定过程中一系列有关因素微小的随机波动而形成的具有相互抵偿性的误差。产生偶然误差的原因很多,例如,在测量过程中由于温度、湿度以及灰尘等的影响都可能引起数据的波动;再比如在读取滴定管读数时,估计的小数点后第2位的数值,几次读数不一致,这类误差在操作中不能完全避免。

偶然误差的大小及正负在同一实验中不是恒定的,并很难找到产生的确切原因,所以又称为不定误差。从表面上看,它的出现似乎没有规律,但是,如果进行反复多次测定,就会发现偶然误差的出现还是有一定的规律性的。总的来说,大小相等的正、负误差出现的概率相等,小误差出现的机会多,大误差出现的机会少,特大的正、负误差出现的机会更小,符合正态规律分布曲线。

(二)误差的减免

从前面讨论中可知,定量分析结果的误差是不可避免的,但人们在实践中不断地总结,掌握了产生误差的原因,就有可能采取措施使误差减小到极小,以提高分析结果的准确度。

1. 对照实验

在对照实验时,可用已知分析结果的标准试样与被分析试样,或用公认的标准分析方法与所采用的分析方法进行对照,或采用标准加入回收法进行对照,即可判断分析结果误差的大小。

2. 空白实验

是在不加试样的情况下,按照试样分析同样的操作步骤和同样的条件进行分析,所得结果称为空白值。然后,从试样分析的结果中扣除空白值,即可得到比较可靠的分析结果。

3. 仪器校正

在实验前,应根据所要求的允许误差,对测量仪器,如砝码、滴定管、吸量管、容量瓶等进行校正,以减小误差。

4. 方法校正

例如,在质量分析中要达到沉淀绝对完全是不可能的,但可将仍溶解于滤液中的少量被测组分用其他方法,如比色法进行测定,再将该分析结果加到重量分析的结果中去,以提高分析结果的准确度。

(三)误差的表征表示

1. 误差与准确度

误差的大小可以用来衡量测定结果的准确度。准确度表示测定结果与真实值接近的程度,它可用误差来衡量。误差是指测定结果与真实值之间的差值。误差越小,表示测定结果与真实值越接近,准确度越高;反之,误差越大,准确度越低。当测定结果大于真实值时,误差为正,表示测定结果偏高;反之,误差为负,表示测定结果偏低。误差可分为绝对误差和相对误差：

$$绝对误差=测定值-真实值$$

例如，称取某试样的质量为1.8364 g，其真实质量为1.8363 g，测定结果的绝对误差为

$$1.8364\ g-1.8363\ g=+0.0001\ g$$

如果另取某试样的质量为0.1836 g，真实质量为0.1835 g，测定结果的绝对误差为

$$0.1836\ g-0.1835\ g=+0.0001\ g$$

上述两试样的质量相差10倍，它们测定结果的绝对误差相同，但误差在测定结果中所占的比例未能反映出来：

$$相对误差=\frac{测定值-真实值}{真实值}\times 100\%$$

相对误差是表示绝对误差在真实值中所占的百分率，上例中的相对误差分别为

$$\frac{+0.0001}{1.8363}\times 100\% = +0.005\%$$

$$\frac{+0.0001}{0.1835}\times 100\% = +0.05\%$$

由此可知，两试样由于称量的质量不同，它们测定结果的绝对误差虽然相同，而在真实值中所占的百分率即相对误差是不相同的。称量较大时，相对误差则较小，测定的准确度就比较高。

但在实际工作中，不可能绝对准确地知道真实值。这里所说的真实值是指人们是设法采用各种可靠的分析方法，经过不同的实验室，不同的具有丰富经验的分析人员进行反复多次的平行测定，再通过数理统计的方法处理而得到的相对意义上的真值。例如，被国际会议和标准化组织或国际上公认的一些量值，如原子量以及国家标准样品的标准值等都可以认为是真值。

2. 偏差与精密度

对于不知道真实值的场合，可以用偏差的大小来衡量测定结果的好坏。

偏差是指个别测定值与多次分析结果的算术平均值之间的差值，它可以用来衡量测定结果的精密度高低。

精密度是指在同一条件下，对同一样品进行多次重复测定时各测定值相互接近的程度，偏差越小，说明测定的精密度越高。

偏差也有绝对偏差和相对偏差：

$$绝对偏差(d)=个别测定值(x)-算术平均值(\bar{x})$$

$$相对偏差=\frac{绝对偏差(d)}{算术平均值(\bar{x})}\times 100\%$$

3. 准确度与精密度的关系

在物质组成的测定中，系统误差是主要的误差来源，它决定了测定结果的准确度；而偶然误差则决定了测定结果的精密度。如果测定过程中没有消除系统误差，那么即使测定结

果的精密度再高，也不能说明测定结果是准确的，只有消除了系统误差之后，精密度高的测定结果才是可靠的。在实际分析工作中，对于分析结果的精密度经常用平均偏差和相对平均偏差来表示。

四、实验数据的记录和保存

（一）实验数据的记录

学生应有专门的、预先编印页码的实验记录本，不得撕去任何一页。绝不允许将数据记在单页纸或小纸片上，或记在书上、手掌上等。实验记录本可与实验报告本共用，实验后即在实验记录本上写出实验报告。

实验过程中的各种测量数据及有关现象，应及时、准确、清楚地记录下来。记录实验数据时，要有严谨的科学态度，要实事求是，切忌夹杂主观因素，绝不能随意拼凑和伪造数据。实验过程中涉及的各种特殊仪器的型号和标准溶液浓度等，也应及时准确记录下来。

记录实验过程中的测量数据时，应注意其有效数字的位数。用分析天平称重时，要求记录至0.0001 g；滴定管及吸量管的读数，应记录至0.01 mL；用分光光度计测量溶液的吸光度时，如吸光度在0.6以下，应记录至0.001的读数，大于0.6时，则要求记录至0.01读数。

实验记录上的每一个数据，都是测量结果，所以，重复观测时，即使数据完全相同，也应记录下来。

进行记录时，对文字记录，应整齐清洁；对数据记录，应用一定的表格形式，这样就更为清楚明白。

在实验过程中，如发现数据算错、测错或读错而需要改动时，可将该数据用一横线划去，并在其上方写上正确的数字。

（二）分析数据的处理

为了衡量分析结果的精密度，一般对单次测定的一组结果 $x_1, x_2 \cdots x_n$，计算出算术平均值$\bar{x}$后，应再用单次测量结果的相对偏差、平均偏差、标准偏差、相对标准偏差等表示出来，这些是分析实验中最常用的几种处理数据的表示方法。

算术平均值为

$$\bar{x} = \frac{x_1 + x_2 + \cdots x_n}{n} = \frac{\sum x_i}{n}$$

相对偏差为

$$\frac{x_i - \bar{x}}{\bar{x}} \times 100\%$$

平均偏差为

$$\bar{d}=\frac{|x_1-\bar{x}|+|x_2-\bar{x}|+\cdots|x_n-\bar{x}|}{n}$$

$$=\frac{\sum|x_i-\bar{x}|}{n}$$

标准偏差为

$$s=\sqrt{\frac{\sum(x_i-\bar{x})}{n-1}}$$

相对标准偏差为

$$\frac{s}{\bar{x}}\times 100\%\frac{s}{\bar{x}}\times 100\%$$

其中,相对偏差是分析化学实验中最常用的确定分析测定结果好坏的方法。例如,5次测得铁矿石中Fe的质量分数分别为37.40%,37.20%,37.30%,37.50%和37.30%,其处理方法如表1-8所示。

表1-8　铁矿石中Fe含量测定结果分析

序号	W_{Fe}	$\overline{W}_{Fe}$	绝对偏差	相对偏差
x_1	37.40%		+0.06%	+0.16%
x_2	37.20%		−0.14%	−0.37%
x_3	37.30%	37.34%	−0.04%	−0.11%
x_4	37.50%		+0.16%	+0.43%
x_5	37.30%		−0.04%	−0.11%

处理环境监测的实验数据,有时需要处理大宗数据,甚至有时还要进行总体和样本的大宗数据处理,例如对某河流水质的调查、对某地不同部位的土壤调查等。

（三）实验报告的填写

实验完毕,学生应用专门的环境监测实验报告本,根据预习和实验中的现象及数据记录等,及时而认真地填写实验报告。

第五节　实验室质量控制

环境监测实验的质量控制对数据的可靠性极其重要,在学生进行环境监测实验时也要注重质量控制,为今后的科研或工作打下基础。环境监测实验的质量控制可分为采样系统和测定系统两个部分,下述示例的实验室质量控制规章为第三方环境监测机构的实验室质量控制体系,学生在实验室进行实验时可参考执行。

×××实验室质量控制规章

1. 环境监测质量体系基本要求

1.1 组织机构

1.1.1 应有出具环境监测数据的资质，并在允许范围内开展工作；保证客观、公正和独立地从事环境监测活动，对出具的数据负责。

1.1.2 有与其从事的监测活动相适应的专业技术人员和管理人员，关键岗位人员及其职责明确，具备从事环境监测活动所需要的仪器设备和实验环境等基础设施。其中关键岗位人员指与质量体系有直接关联的人员，包括：最高管理者、技术负责人、质量负责人、质量监督员、内审员、特殊设备操作人员、仪器设备管理人员、样品管理人员、档案管理人员、报告审核和授权签字人等。

1.1.3 有保护国家秘密、商业秘密和技术秘密的程序，并严格执行。

1.2 质量体系

1.2.1 环境监测机构应建立健全质量体系，使质量管理工作程序化、文件化、制度化和规范化，并保证其有效运行。体系应覆盖环境监测活动所涉及的全部场所。

1.2.2 应建立质量体系文件，包括质量手册、程序文件、作业指导书和记录。

质量手册是质量体系运行的纲领性文件，阐明质量方针和目标，描述全部质量活动的要素，规定质量活动人员的责任、权限和相互之间的关系，明确质量手册的使用、修改和控制的规定等。

程序文件是规定质量活动方法和要求的文件，是质量手册的支持性文件，应明确控制目的、适用范围、职责分配、活动过程规定和相关质量技术要求，具有可操作性。

作业指导书是针对特定岗位工作或活动应达到的要求和遵循的方法。

记录包括质量记录和技术记录。质量记录是质量体系活动所产生的记录；技术记录是各项监测活动所产生的记录。

1.3 文件控制

应建立并保持质量体系文件的控制程序，保证文件的编制、审核、批准、标志、发放、保管、修订和废止等活动受控，确保文件现行有效。

1.4 记录控制

应建立适合本机构质量体系要求的记录程序，对所有质量活动和监测过程的技术活动及时记录，保证记录信息的完整性、充分性和可追溯性，为监测过程提供客观证据。记录应清晰明了，不得随意涂改，修改时应采用杠改方法；电子存储记录应保留修改痕迹。应规定各类记录的保密级别、保存期和保存方式，防止记录损坏、变质和丢失；电子存储记录应妥善保护和备份，防止未经授权的侵入或修改。必要时，进行电子存储记录的存储介质更新，以保证存储信息能够读取。

1.5　质量管理计划

应制订年度质量管理工作计划，将所有质量管理活动文件化，明确质量管理的目标、任务、分工、职责和进度安排等。质量管理计划包括日常的各种质量监督活动、内部审核、管理评审、质量控制活动和人员培训等。

1.6　日常质量监督

日常质量监督应覆盖监测全过程，包括监测程序、监测方法、监测结果、数据处理及评价和监测记录等。对于监测活动的关键环节、新开展项目和新上岗人员等应加强质量监督。

1.7　内部审核

应根据预定的计划和程序实施内部审核(每12个月至少一次)，以验证各项工作持续符合质量体系的要求。年度审核范围应覆盖质量体系的全部要素和所有活动。审核中发现的问题应按程序采取纠正或纠正措施，并对实施情况实时跟踪和进行有效性评价。对潜在的问题，应采取有效的预防措施。

1.8　管理评审

最高管理者应根据预定的计划和程序，对质量体系进行评审(每年至少一次)，以确保其持续适用和有效，并进行必要的改进。最高管理者应确保管理评审的建议在适当和约定的期限内得到实施。

1.9　纠正措施、预防措施及改进

在确认监测活动不符合质量或技术要求时，应纠正或采取纠正措施；在确定了潜在不符合的原因后，应采取预防措施，以减少类似情况的发生。通过实施纠正措施或预防措施等持续改进质量体系。

1.10　对外委托监测

需将监测任务委托其他机构时，应事先征得任务来源方同意，委托给有资质的机构。应对被委托机构提出质量目标要求，进行必要的质量监督，并保存满足质量目标要求的全部证明材料。

1.11　人员

所有从事监测活动的人员应具备与其承担工作相适应的能力，接受相应的教育和培训，进行持证上岗或能力确认。持有合格证的人员，方能从事相应的监测工作；未取得合格证者，只能在持证人员的指导下开展工作，监测质量由持证人员负责。特殊岗位的人员应根据国家相关法律、法规的要求进行专项资格确认。应建立所有监测人员的技术档案。档案中至少包括如下内容：学历、从事技术工作的简历、资格和技术培训经历等。

1.12　设施和环境

1.12.1　用于监测的设施和环境条件，应满足相关法律、法规和标准的要求。

1.12.2　实验室区域间应采取有效隔离措施，防止交叉污染。有毒有害废物应妥善处理，或交有资质的单位处置。应建立并保持安全作业管理程序，确保危险化学品、有毒物品、

有害生物、辐射、高温、高压、撞击以及水、气、火、电等危及安全的因素和环境得到有效控制,并有相应的应急处理措施,危险化学品储存应执行其相关规定。应制定并实施有关实验室安全和人员健康的程序,并配备相应的安全防护设施。

1.12.3 现场监测时,监测时段的气象等环境条件,水、电和气供给等工作条件,企业工况及污染物变化(稳定性)条件应满足监测工作要求。应有确保人员和仪器设备安全的措施。

1.13 监测方法

1.13.1 应按照相关标准或技术规范要求,选择能满足监测工作需求和质量要求的方法实施监测活动。原则上优先选择国家环境保护标准、其他的国家标准和其他行业标准方法,也可采用国际标准和国外标准方法,或者公认权威的监测分析方法,所选用的方法应通过实验验证,并形成满足方法检出限、精密度和准确度等质量控制要求的相关记录。

1.13.2 对超出预定范围使用的标准方法、自行扩充和修改过的标准方法应通过实验进行确认,以证明该方法适用于预期的用途,并形成方法确认报告。确认内容包括:样品采集、处置和运输程序,方法检出限,测定范围,精密度,准确度,方法的选择性和抗干扰能力等。

1.13.3 与监测工作有关的标准和作业指导书都应受控、现行有效,并便于取用。

1.14 仪器设备

1.14.1 建立仪器设备(含自动在线等集成的仪器设备系统)的管理程序,确保其购置、验收、使用和报废的全过程均受控。

1.14.2 对监测结果的准确性或有效性有影响的仪器设备,包括辅助测量设备,应有量值溯源计划并定期实施,在有效期内使用。

量值溯源方式包括:

检定:列入国家强制检定目录,且国家有检定规程的仪器应经有资质的机构检定。

校准:未列入国家强制检定目录或尚没有国家检定规程的仪器可由有资质的机构进行校准,也可自校准。自校准时,应有相关工作程序,编制作业指导书,保留相关校准记录,编制自校准或比对测试报告,必要时给出不确定度。校准结果应进行内部确认。当校准产生了一组修正因子时,应确保其得到正确应用。

1.14.3 所有仪器设备都应有明显的标志表明其状态。

1.14.4 对监测结果的准确性或有效性有影响的仪器设备,在使用前、维修后恢复使用前、脱离实验室直接控制返回后,均应进行校准或核查。现场监测仪器设备带至现场前或返回时,应进行校准或检查。

1.14.5 对于稳定性差、易漂移或使用频繁的仪器设备,经常携带到现场检测以及在恶劣环境条件下使用的仪器设备,应在两次检定或校准间隔内进行期间核查。

1.14.6 所有仪器设备都应建立档案,并实行动态管理。档案包括购置合同、使用说明书、验收报告、检定或校准证书、使用记录、期间核查记录、维护和维修记录、报废单等以及必要的基本信息，基本信息包括：名称、规格型号、出厂编号、管理（或固定资产）编号、购置时间、生产厂商、使用部门、放置地点和保管人等。

2. 环境监测过程质量保证与质量控制方法

2.1 监测方案

2.1.1 应对监测任务制定监测方案。

2.1.2 制定监测方案前，应明确监测任务的性质、目的、内容、方法、质量和经费等要求，必要时到现场踏勘、调查与核查，并按相关程序评估能力和资源是否能满足监测任务的需求。

2.1.3 监测方案一般包括：监测目的和要求、监测点位、监测项目和频次、样品采集方法和要求、监测分析方法和依据、质量保证与质量控制（QA/QC）要求、监测结果的评价标准（需要时）、监测时间安排、提交报告的日期和对外委托情况等。对于常规、简单和例行的监测任务，监测方案可以简化。

2.1.4 质量保证与质量控制要求应涉及监测活动全程序的质量保证措施和质量控制指标。

2.2 监测点位布设

监测点位应根据监测对象、污染物性质和数据的预期用途等，按国家环境保护标准、其他的国家标准和其他行业标准、相关技术规范和规定进行设置，保证监测信息的代表性和完整性。样本的时空分布应能反映主要污染物的浓度水平、波动范围和变化规律。重要的监测点位应设置专用标志。

2.3 样品采集

2.3.1 根据监测方案所确定的采样点位、污染物项目、频次、时间和方法进行采样。必要时制定采样计划，内容包括：采样时间和路线、采样人员和分工、采样器材、交通工具以及安全保障等。

2.3.2 采样人员应充分了解监测任务的目的和要求，了解监测点位的周边情况，掌握采样方法、监测项目、采样质量保证措施、样品的保存技术和采样量等，做好采样前的准备。

2.3.3 采集样品时，应满足相应的规范要求，并对采样准备工作和采样过程实行必要的质量监督。需要时，可使用定位仪或照相机等辅助设备证实采样点位置。

2.4 样品管理

2.4.1 样品运输与交接：样品运输过程中应采取措施保证样品性质稳定，避免沾污、损失和丢失。样品接收、核查和发放各环节应受控；样品交接记录、样品标签及其包装应完整。若发现样品有异常或处于损坏状态，应如实记录，并尽快采取相关处理措施，必要时重新采样。

2.4.2 样品保存：样品应分区存放，并有明显标志，以免混淆。样品保存条件应符合相关标准或技术规范要求。

2.5 实验室分析质量控制

2.5.1 内部质量控制。

监测人员应执行相应监测方法中的质量保证与质量控制规定,此外还可以采取以下内部质量控制措施。

2.5.1.1 空白样品:空白样品(包括全程序空白、采样器具空白、运输空白、现场空白和实验室空白等)测定结果一般应低于方法检出限。一般情况下,不应从样品测定结果中扣除全程序空白样品的测定结果。

2.5.1.2 校准曲线:采用校准曲线法进行定量分析时,仅限在其线性范围内使用。必要时,对校准曲线的相关性、精密度和置信区间进行统计分析,检验斜率、截距和相关系数是否满足标准方法的要求。若不满足,需从分析方法、仪器设备、量器、试剂和操作等方面查找原因,改进后重新绘制校准曲线。校准曲线不得长期使用,不得相互借用。一般情况下,校准曲线应与样品测定同时进行。

2.5.1.3 方法检出限和测定下限:开展新的监测项目前,应通过实验确定方法检出限,并满足方法要求。方法检出限和测定下限的计算方法执行HJ 168。

2.5.1.4 平行样测定:应按方法要求随机抽取一定比例的样品做平行样品测定。

2.5.1.5 加标回收率测定:加标回收实验包括空白加标、基体加标及基体加标平行等。空白加标在与样品相同的前处理和测定条件下进行分析。基体加标和基体加标平行是在样品前处理之前加标,加标样品与样品在相同的前处理和测定条件下进行分析。在实际应用时应注意加标物质的形态、加标量和加标的基体。加标量一般为样品浓度的0.5~3倍,且加标后的总浓度不应超过分析方法的测定上限。样品中待测物浓度在方法检出限附近时,加标量应控制在校准曲线的低浓度范围。加标后样品体积应无显著变化,否则应在计算回收率时考虑这项因素。每批相同基体类型的样品应随机抽取一定比例样品进行加标回收及其平行样测定。

2.5.1.6 标准样品/有证标准物质测定:监测工作中应使用标准样品/有证标准物质或能够溯源到国家基准的物质。应有标准样品/有证标准物质的管理程序,对其购置、核查、使用、运输、存储和安全处置等进行规定。标准样品/有证标准物质应与样品同步测定。进行质量控制时,标准样品/有证标准物质不应与绘制校准曲线的标准溶液来源相同。应尽可能选择与样品基体类似的标准样品/有证标准物质进行测定,用于评价分析方法的准确度或检查实验室(或操作人员)是否存在系统误差。

2.5.1.7 质量控制图:常用的质量控制图有均值-标准差控制图和均值-极差控制图等,在应用上分空白值控制图、平行样控制图和加标回收率控制图等,相关内容执行GB/T 4091。

日常分析时,质量控制样品与被测样品同时进行分析,将质量控制样品的测定结果标于质量控制图中,判断分析过程是否处于受控状态。测定值落在中心附近、上下警告线之内,则表示分析正常,此批样品测定结果可靠;如果测定值落在上下控制线之外,表示分析失控,测定结果不可信,应检查原因,纠正后重新测定;如果测定值落在上下警告线和上下控制线之间，虽分析结果可接受，但有失控倾向，应予以注意。

2.5.1.8　方法比对或仪器比对：对同一样品或一组样品可用不同的方法或不同的仪器进行比对测定分析，以检查分析结果的一致性。

2.5.2　外部质量控制。

外部质量控制指本机构内质量管理人员对监测人员或行政主管部门和上级环境监测机构对下级机构监测活动的质量控制，可采取以下措施：

2.5.2.1　密码平行样：质量管理人员根据实际情况，按一定比例随机抽取样品作为密码平行样，交付监测人员进行测定。若平行样测定偏差超出规定允许偏差范围，应在样品有效保存期内补测；若补测结果仍超出规定的允许偏差，说明该批次样品测定结果失控，应查找原因，纠正后重新测定，必要时重新采样。

2.5.2.2　密码质量控制样及密码加标样：由质量管理人员使用有证标准样品/标准物质作为密码质量控制样品，或在随机抽取的常规样品中加入适量标准样品/标准物质制成密码加标样，交付监测人员进行测定。如果质量控制样品的测定结果在给定的不确定度范围内，则说明该批次样品测定结果受控。反之，该批次样品测定结果作废，应查找原因，纠正后重新测定。

2.5.2.3　人员比对：不同分析人员采用同一分析方法、在同样的条件下对同一样品进行测定，比对结果应达到相应的质量控制要求。

2.5.2.4　实验室间比对：可采用能力验证、比对测试或质量控制考核等方式进行实验室间比对，证明各实验室间的监测数据的可比性。

2.5.2.5　留样复测：对于稳定的、测定过的样品保存一定时间后，若仍在测定有效期内，可进行重新测定。将两次测定结果进行比较，以评价该样品测定结果的可靠性。

2.6　数据处理

2.6.1　应保证监测数据的完整性，确保全面、客观地反映监测结果。不得利用数据有效性规则，达到不正当的目的；不得选择性地舍弃不利数据，人为干预监测和评价结果。

2.6.2　有效数字及数值修约。

2.6.2.1　数值修约和计算按照GB/T 8170和相关环境监测分析方法标准的要求执行。

2.6.2.2　记录测定数值时，应同时考虑计量器具的精密度、准确度和读数误差。对检定合格的计量器具，有效数字位数可以记录到最小分度值，最多保留一位不确定数字。

2.6.2.3　精密度一般只取1～2位有效数字。

2.6.2.4　校准曲线相关系数只舍不入，保留到小数点后第一个非9数字。如果小数点后多于4个9，最多保留4位。校准曲线斜率的有效位数，应与自变量的有效数字位数相等。校准曲线截距的最后一位数，应与因变量的最后一位数取齐。

2.6.3　异常值的判断和处理。

异常值的判断和处理执行GB/T 4883，当出现异常高值时，应查找原因，原因不明的异常高值不应随意剔除。

2.6.4　数据校核及审核。

2.6.4.1 应对原始数据和拷贝数据进行校核。对可疑数据,应与样品分析的原始记录进行校对。

2.6.4.2 监测原始记录应有监测人员和校核人员的签名。监测人员负责填写原始记录;校核人员应检查数据记录是否完整、抄写或录入计算机时是否有误、数据是否异常等,并考虑以下因素:监测方法、监测条件、数据的有效位数、数据计算和处理过程、法定计量单位和质量控制数据等。

2.6.4.3 审核人员应对数据的准确性、逻辑性、可比性和合理性进行审核,重点考虑以下因素:监测点位;监测工况;与历史数据的比较;总量与分量的逻辑关系;同一监测点位的同一监测因子,连续多次监测结果之间的变化趋势;同一监测点位、同一时间(段)的样品,有关联的监测因子分析结果的相关性和合理性等。

2.6.5 监测结果的表示。

2.6.5.1 监测结果应采用法定计量单位。

2.6.5.2 平行样的测定结果在允许偏差范围内时,用其平均值报告测定结果。

2.6.5.3 监测结果低于方法检出限时,用"ND"表示,并注明"ND"表示未检出,同时给出方法检出限值。

2.6.5.4 需要时,应给出监测结果的不确定度范围。

3. 监测报告

监测报告应信息完整,符合相关要求。

监测报告相关要求

A.1 监测报告应包含下列信息:

① 报告标题及其他标志;

② 监测性质(委托、监督等);

③ 报告编制单位名称、地址、联系方式、编制时间,采样(监测)现场的地点(必要时);

④ 委托单位或受检单位名称、地址、联系方式;

⑤ 报告统一编号(唯一性标志),总页数和页码;

⑥ 监测目的、监测依据(依据的文件名和编号);

⑦ 样品的标志:样品名称、类别和监测项目等必要的描述,若为委托样,应特别予以注明;

⑧ 样品接收和测试日期;

⑨ 需要时,列出采样与分析人员,监测所使用的主要仪器名称、型号及品牌;

⑩ 监测结果:按监测方法的要求报出结果,包括监测值和计量单位等信息;

⑪ 报告编制人员、审核人员、授权签字人的签名和签发日期;

⑫ 监测委托情况(委托方、委托内容和项目等);

⑬ 需要时,应注明监测结果仅对样品或批次有效的声明。

A.2 当需对监测结果做出解释时,监测报告中还应包括下列信息:

① 对监测方法的偏离、增添或删节，以及特殊监测条件(如环境条件的说明)；

② 当委托单位(或受检单位)有特殊要求时，应包括测量不确定度的信息；

③ 质量保证与质量控制：监测报告中应包含质量保证措施和质量控制数据的统计结果和结论；

④ 需要时，提出其他意见和解释；

⑤ 特定方法、委托单位(或受检单位)要求的附加信息。

A.3　对含采样结果在内的监测报告，还应包括下列信息：

① 采样日期；

② 采集样品的名称、类别、性质和监测项目；

③ 采样地点(必要时，附点位布置图或照片)；

④ 采样方案或程序的说明等；

⑤ 若采样过程中的环境条件(如生产工况、环保设施运行情况、采样点周围情况、天气状况等)可能影响监测结果时，应附详细说明；

⑥ 列出与采样方法或程序有关的标准或规范以及对这些规范的偏离、增添或删节时的说明；

⑦ 需要时，增加项目工程建设、生产工艺、污染物的产生与治理介绍等；

⑧ 其他信息包括监测全过程质量控制和质量保证情况、有关图表和引用资料、必要的建议等。

第二章　环境样品采集和预处理技术

第一节　水样的采集和保存

一、水样的采集

（一）地表水和地下水的采集

1. 地表水采集

在河流、湖泊可以直接汲水的场合，可用适当的容器如水桶采样。从桥上等地方采样时，可将系着绳子的聚乙烯桶或带有坠子的采样瓶投于水中汲水。要注意不能混入漂浮于水面上的物质。

2. 一定深度的水

在湖泊、水库等处采集一定深度的水样，可用直立式或有机玻璃采水器。这类装置是在下沉过程中，水就从采样器中流过，当达到预定的深度时，容器能够闭合而汲取水样。在河水流动缓慢的情况下，采用上述方法时，最好在采样器下系上重量适宜的坠子；当水深流急时要系上足够重的铅鱼，并配备绞车。

3. 泉水、井水

对于自喷的泉水，可在涌口处直接采样；采集不自喷泉水时，应将停滞在抽水管中的水汲出，待新水更替之后，再进行采样。

采集井水水样必须在充分抽汲后进行，以保证水样能代表地下水水源。

4. 自来水或抽水设备中的水

采取这些水样时，应先放水数分钟，将积留在水管中的杂质及陈旧水排出，然后再取样；采集水样前，应先用水样洗涤采样器容器、盛样瓶及塞子2～3次（油类、细菌类等除外）。

地表水采样的注意事项：

① 采样时不可搅动水底部的沉积物；

② 采样时应保证采样点的位置准确，必要时使用定位仪（GPS）定位；

③ 认真填写“水质采样记录表”，用签字笔现场记录，字迹应端正、清晰，项目应完整；

④ 保证采样按时、准确、安全；

⑤ 采样结束前,应核对采样计划、记录与水样,如有错误或遗漏,应立即补采或重采;

⑥ 如采样现场水体很不均匀,无法采到有代表性样品,则应详细记录不均匀的情况和实际采样情况,供使用该数据者参考,并将此现场情况向环境保护行政主管部门反应;

⑦ 测定油类的液样,应在液面至表面下300 mm采集柱状液样,并单独采样,全部用于测定,采样瓶(容器)不能用采集液冲洗;

⑧ 测溶解氧、生化需氧量和有机污染物等项目时的水样,必须注满容器,不留空间,并用水封口。

⑨ 如果水样中含沉降性固体(如泥沙等),则应分离除去,分离方法为:将所采水样摇匀后倒入筒形玻璃容器(如1～2 L量筒),静置30 min,将已不含沉降性固体但含有悬浮性固体的水样移入盛样容器中并加入保存剂(测定总悬浮物和油类的水样除外);

⑩ 测定湖库水COD、高锰酸盐指数、叶绿素a、总氮、总磷的水样,应在静置30 min后,用吸管一次或几次移取水样;吸管进水尖嘴应插至水样表层50 mm以下位置,再加保存剂保存;

⑪ 测定油类、BOD_5、DO、硫化物、余氯、粪大肠菌群、悬浮物、放射性等项目要单独采样。

(二) 污水采集

1. 采样频次

① 监督性监测:地方环境监测站对污染源的监督性监测每年不少于1次,如被国家或地方环境保护行政主管部门列为年度监测的重点排污单位,则应增加到每年2～4次。因管理或执法所需要而进行的抽查性监测由各级环境保护行政主管部门确定。

② 企业自控监测:工业污水按生产周期和生产特点确定监测频次,一般每个生产周期不得少于3次。

③ 对于污染治理、环境科研、污染源调查和评价等工作中的污水监测,其采样频次可以根据工作方案的要求另行确定。

④ 根据管理需要进行调查性监测,监测站事先应对污染源单位正常生产条件下的一个生产周期进行加密监测。周期在8 h以内的,每1 h采1次样;周期大于8 h的,每2 h采1次样,但每个生产周期采样次数不少于3次。采样的同时测定流量。根据加密监测结果,绘制污水污染物排放曲线(浓度-时间、流量-时间、总量-时间),并与所掌握资料对照,如基本一致,即可据此确定企业自行监测的采样频次。

⑤ 排污单位如有污水处理设施并能正常运行使污水能稳定排放,则污染物排放曲线比较平稳,监督监测可以采瞬时样;对于排放曲线有明显变化的不稳定排放污水,要根据曲线情况分时间单元采样,再组成混合样品。正常情况下,混合样品的单元采样不得少于2次。如排放污水的流量、浓度甚至组分都有明显变化,则在各单元采样时的采样量应与当时的污水流量成比例,以使混合样品更有代表性。

2. 污水采样方法

(1) 污水的监测项目按照行业类型要求

在分时间单元采集样品测定pH、COD、BOD_5、DO、硫化物、油类、有机物、余氯、粪大肠菌群、悬浮物、放射性等项目时,样品不能混合,只能单独采样。

(2) 不同监测项目要求

对不同的监测项目应选用的容器材质、加入的保存剂及其用量与保存期、应采集的水样体积和容器及其洗涤方法等参照要求进行选择。

(3) 自动采样

自动采样用自动采样器进行,分为时间等比例采样和流量等比例采样,当污水排放量较稳定时可采用时间等比例采样,否则必须采用流量等比例采样。

所用的自动采样器必须符合国家颁布的污水采样器技术要求。

(4) 实际采样位置的设置

实际的采样位置应在采样断面的中心,当水深大于1 m时,应在表层下1/4深度处采样;水深小于或等于1 m时,在水深的1/2处采样。

污水采集注意事项:

① 用样品容器直接采样时,必须用水样荡涤样品容器2～3次后再行采样。但当水面有浮油时,采油的容器不能冲洗;

② 采样时应注意除去水面的杂物、垃圾等漂浮物;

③ 用于测定悬浮物、BOD_5、硫化物、油类、余氯的水样,必须单独定容采样,全部用于测定;

④ 在选用特殊的专用采样器(如油类采样器)时,应按照该采样器的使用方法采样;

⑤ 采样时应认真填写“污水采样记录表”,表中应有以下内容:污染源名称、监测目的、监测项目、采样点位、采样时间、样品编号、污水性质、污水流量、采样人姓名及其他有关事项等;

⑥ 凡需现场监测的项目,应进行现场监测。

其他注意事项可参见地表水质监测的采样部分。

二、水样的保存和运输

(一) 水样的保存

1. 冷藏或冷冻

样品在4 ℃冷藏或将水样迅速冷冻,贮存于暗处,可以抑制生物活动,减缓物理挥发作用和化学反应速度。

冷藏是短时间内保存样品的一种较好方法,对测定基本无影响,但需要注意冷藏保存也不能超过规定的保存期限。冷藏温度必须控制在4 ℃左右,温度太低(例如低于0 ℃),因水样结冰体积膨胀,可能会使玻璃容器破裂,或使样品瓶盖被顶开失去密封,样品受污染;温度太高则达不到冷藏目的。

2. 加入化学保存剂:

(1) 控制溶液pH

测定金属离子的水样常用硝酸酸化至pH为1～2,既可以防止重金属的水解沉淀,又可以防止金属在器壁表面上的吸附,同时在pH为1～2的酸性介质中还能抑制生物的活动,用此法保存,大多数金属可稳定数周或数月。测定氰化物的水样需加氢氧化钠调pH至12。测定六价铬的水样应加氢氧化钠调pH至8,因在酸性介质中,六价铬的氧化电位高,易被还原。保存总铬的水样,则应加硝酸或硫酸调pH至1～2。

(2) 加入抑制剂

为了抑制生物作用,可在样品中加入抑制剂。如在测氨氮、硝酸盐氮和COD的水样中,加氯化汞或加入三氯甲烷、甲苯作防护剂以抑制生物对亚硝酸盐、硝酸盐、铵盐的氧化还原作用。在测酚水样中用磷酸调溶液的pH,加入硫酸铜以控制苯酚分解菌的活动。

(3) 加入氧化剂

水样中痕量汞易被还原,引起汞的挥发性损失,加入硝酸-重铬酸钾溶液可使汞维持在高氧化态,大大改善汞的稳定性。

(4) 加入还原剂

测定硫化物的水样,加入抗坏血酸对保存有利。含余氯水样,能氧化氰离子,可使酚类、烃类、苯系物氯化生成相应的衍生物,为此在采样时加入适量的硫代硫酸钠予以还原,除去余氯干扰。

样品保存剂如酸、碱或其他试剂在采样前应进行空白试验,其纯度和等级必须达到分析的要求。

3. 水样的保存条件

不同监测项目样品的保存条件不同。此外,由于地表水、废水(或污水)样品的成分不同,很难保证同样的保存条件对不同类型样品中的待测物都是可行的。因此,在采样前应根据样品的性质、组成和环境条件,要检验保存方法或选用的保存剂的可靠性。

(二) 水样的管理与运输

1. 水样的管理

样品是从各种水体及各类型水中取得的实物证据和资料,水样妥善而严格的管理是获得可靠监测数据的必要手段。

对需要现场测试的项,如pH、电导率、温度、溶解氧、流量等应现场进行记录,并妥善保管现场记录。

水样采集后,往往根据不同的分析要求,分装成数份,并分别加入保存剂。对每份样品都应附一张完整的水样标签。水样标签的设计可以根据实际情况,一般包括:采样目的、监测点数目、位置、监测日期、时间、采样人员等。标签使用不褪色的墨水填写，并牢固地粘贴在盛装水样的容器外壁上。

2. 水样的运输和交接

水样采集后必须立即送回实验室，根据采样点的地理位置和每个项目分析前最长可保存的时间，选用适当的运输方式，在现场工作开始之前，就要安排好水样的运输工作，以防延误。

同一采样点的样品应装在同一包装箱内，如需分装在两个或几个箱子中时，则需要在每个箱内放入相同的现场采样记录。运输前应检查现场采样记录上的水样是否已经全部装箱。要在包装箱顶部和侧面标上"切勿倒置"的红色标记。

每个水样瓶均须贴上标签，内容包括有采样点位编号、采样日期和时间、测定项目、保存方法，并写明用何种保存剂。

第二节　大气样品的采集和保存

一、空气样品的采集方法

（一）直接采样法

当空气中的被测组分浓度较高，或者监测方法灵敏度较高时，直接采集少量气样即可满足监测分析要求。

1. 注射器采样

采样后密封进气口，带回实验室，应当天分析。

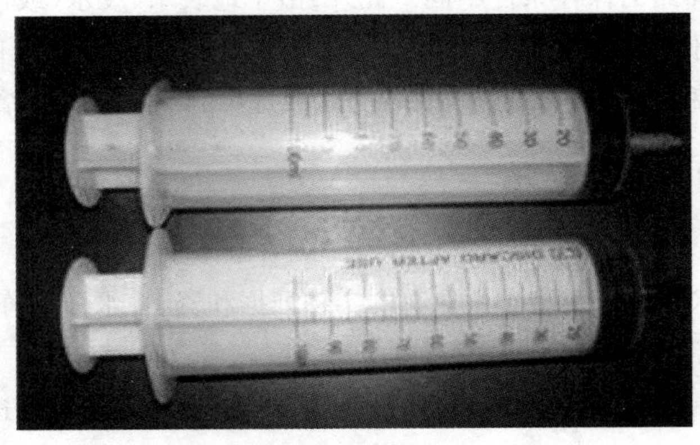

图2-1　注射采样器

2. 气袋采样

与组分不发生化学反应、不吸附、不渗透的塑料袋（聚乙烯袋、聚酯袋），如聚氯乙烯袋，对CO和非甲烷碳氢化物样品，只能放置10～15 h，而使用铝膜衬里的聚酯袋可保存100 h而无损失。用双连球打进现场气体冲洗气袋2～3次，再充满气样，夹封进气口，带回实验室尽快分析。

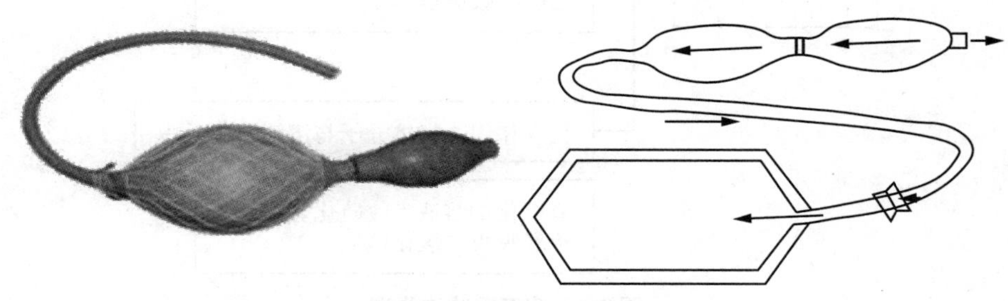

图2-2　双连球采样器

3. 真空瓶采样

先用抽真空装置将瓶内抽至真空度为1.33 kPa，再将气体充入瓶内，则采样体积为真空采气瓶的体积(如瓶内预先装入吸收液，可抽到溶液冒泡为止)。真空采气瓶要进行严格的漏气检查和清洗。

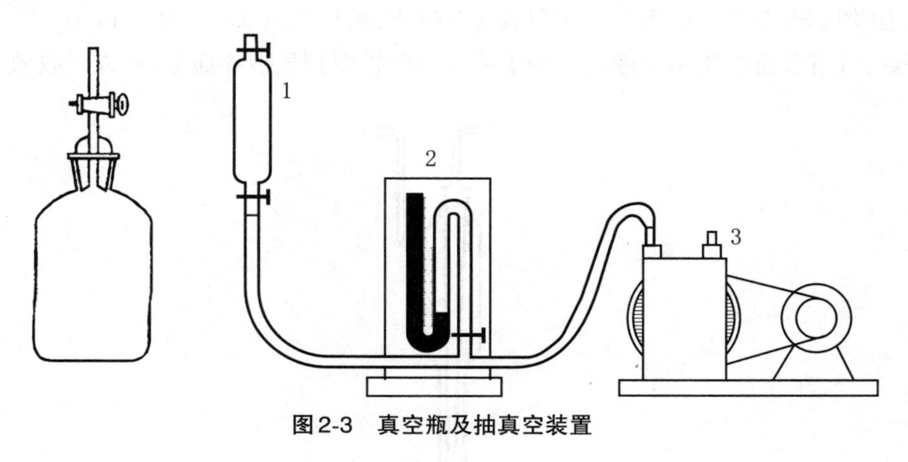

图2-3　真空瓶及抽真空装置

(二)(浓缩)采样法

1. 溶液吸收法

采集大气中气态、蒸气态及某些气溶胶态污染物质的常用方法。

用一个气体吸收管，内装吸收液，后面接有抽气装置，以一定的气体流量，通过吸收管抽入空气样品。当空气通过吸收液时，被测组分的分子被吸收在溶液中，取样结束后倒入吸收液，分析吸收液中被测物的含量，根据采样体积和含量计算大气中污染物的含量(图2-4)。

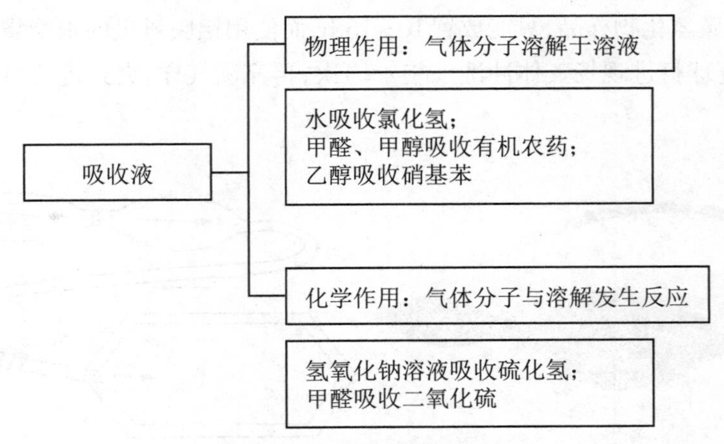

图2-4　溶液吸收法原理

吸收效率主要取决于吸收速率和气样与吸收液的接触面积。

吸收液的选取原则：对被采集的物质化学反应速度快或溶解度大，有足够稳定时间，最好能直接用于测定，毒性小、廉价、易采购，尽可能回收利用。

(1) 气泡吸收管

气泡吸收管(图2-5)适用于气体和蒸气态物质，采样流量0.5～2.0 L/min。

特点：气溶胶态物质不能像气态分子那样快速扩散到气液界面上，所以吸收效率差。

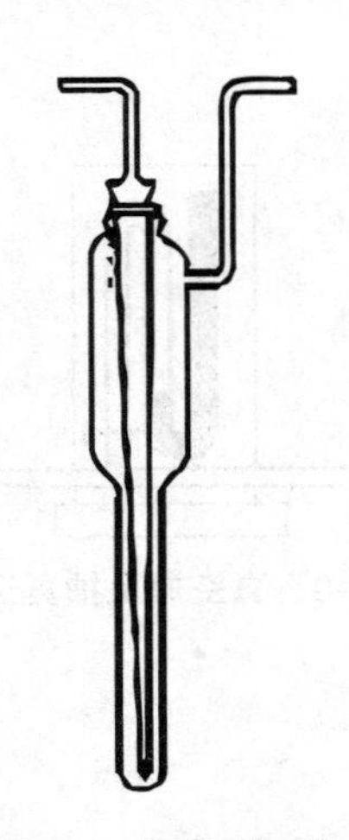

图2-5　气泡吸收管

(2) 冲击式吸收管

冲击式吸收管(图2-6)适用于气溶胶态物质，分小型(装5～10 mL吸收液，采样流量3.0 L/min)和大型(装50～100 mL吸收液，采样流量30 L/min)。

特点：进气管喷嘴小，离瓶较近，气溶胶颗粒由于惯性被冲到底部而分散，易被溶液吸收。

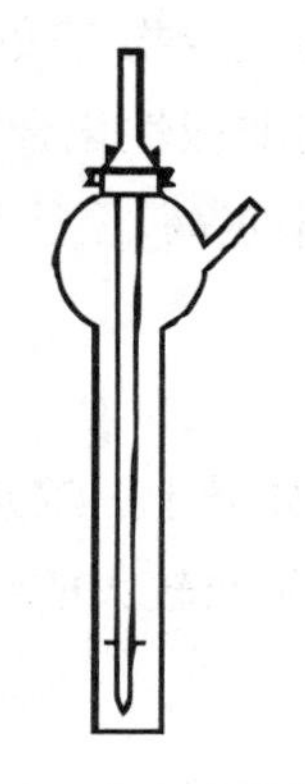

图2-6　冲击式吸收管

(3) 多孔(玻璃)筛板吸收管(瓶)

多孔(玻璃)筛板吸收管(瓶)(图2-7)适用于气体、蒸气态物质和气溶胶态物质。

特点:气样通过筛板后被分散成很小的气泡,且阻留时间长,大大增加了气液接触面积,从而提高了吸收效果。

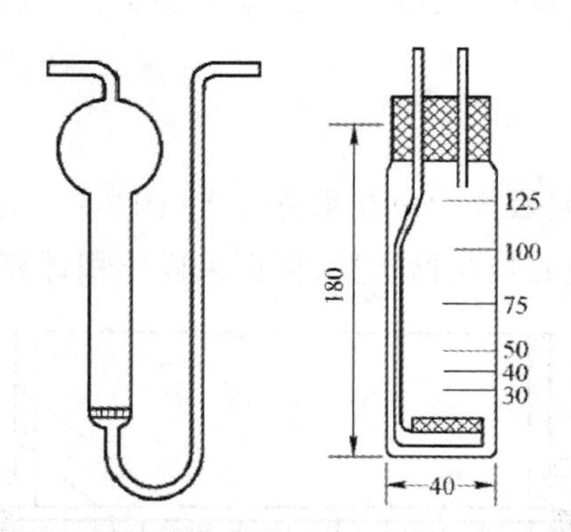

图2-7　多孔筛板吸收管和玻璃筛板吸收瓶

2. 填充柱阻留法

填充柱由长6～10 cm,内径3～5 mm玻管或塑管,内装颗粒状填充剂制成(图2-8)。

让气体以一定流速通过填充柱,被测组分因吸附、溶解或化学反应等作用被阻留在填充柱上,达到浓缩采样的目的。然后通过解吸或溶剂洗脱,使被测组分从填充剂上释放出来进行测定。根据填充剂阻留作用的原理分为吸附型、分配型和反应型三种类型。

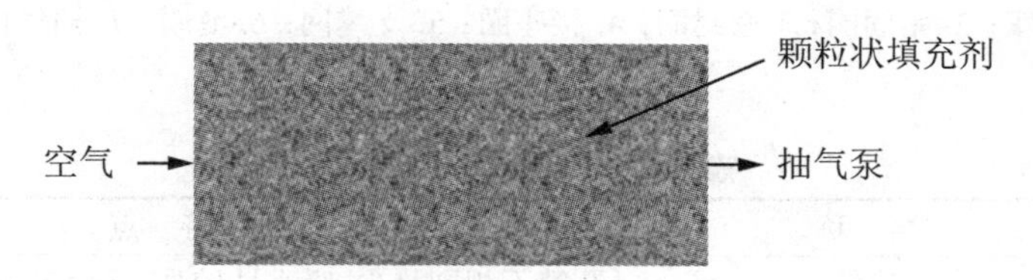

图2-8　填充柱阻留

(1) 吸附性填充柱

填充剂是颗粒状固体吸附剂(活性炭、硅胶、分子筛、高分子多孔微球等)多孔物质的比表面积大,对气体和蒸气有较强的吸附能力。

极性吸附剂:主要为硅胶,其对极性化合物有较强的吸附能力。

非极性吸附剂:主要为活性炭,其对非极性化合物有较强的吸附能力。

一般而言,吸附能力越强,采样效率越高,但往往解吸困难。所以选择吸附剂时既要考虑吸附效率,也要考虑应易于解吸。

(2) 分配型填充柱

填充剂是表面涂高沸点有机溶剂(如异十三烷)的惰性多孔微粒(如硅藻土)。气体通过填充柱时,在有机溶剂(固定相)中分配系数较大的组分被保留在填充柱上而被富集,最后加热吹气解吸。

(3) 反应型填充柱

由填充柱有惰性多孔颗粒物(石英砂、玻璃微球等)或纤维状物(滤纸、玻璃棉等)表面涂渍能与被测组分发生化学反应的试剂制成;也可用能和被测组分发生化学反应的金属(如Au,Ag,Cu等)丝毛或细粒作为填充剂。气体通过填充柱时,被测组分在填充剂表面因发生化学反应而被阻留。最后用溶剂洗脱或加热吹气解吸下来进行分析。

特点:由于采样量和采样速度都比较大,富集物稳定,对气态、蒸气态和气溶胶态物质都有较高的富集效率。

3. 滤料阻留法

将过滤材料(滤纸、滤膜)(表2-1)放在采样夹上(图2-9),空气中的颗粒物被阻留在过滤材料上,称量过滤材料上富集的颗粒物质量,根据采样体积计算浓度。

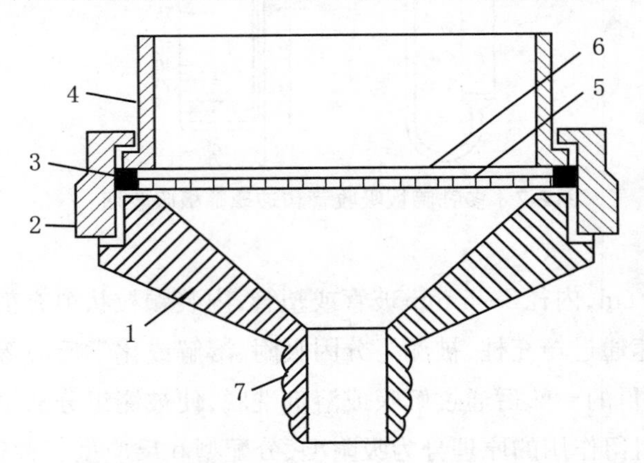

1. 底座;2. 紧固圈;3. 密封圈;4. 接座圈;5. 支撑网;6. 滤膜;7. 抽气接口

图2-9 颗粒物采样夹

表2-1 滤料类型及其特点

类 型	名 称	特 点
纤维状滤料	滤纸	孔隙不规则且少,吸水性较强,适用于金属尘粒的采集
	玻璃纤维滤膜	吸水性较小、耐高温和腐蚀、通气阻力小,采样效率高,常用于采集悬浮颗粒物,机械强度差,某些元素含量较高
	聚氯乙烯合成纤维膜	通气阻力小,可溶于有机溶剂,便于进行颗粒物分散度及颗粒物中化学组分的分析

续表

类　型	名　称	特　点
筛孔状滤料	微孔滤膜	孔径细小、均匀、质量小,可溶于有机溶剂,适用于采集金属气溶胶
	核孔滤膜	光滑,机械强度好,孔径均匀不亲水,适用于精密重量法称量,采样效率不高
	银薄膜	耐高温,抗腐蚀,适用于采集酸碱气溶胶及含煤焦油、沥青等挥发性有机物的气样

4. 自然积集法

利用物质的自然重力、空气动力和浓度扩散作用,采集大气中的被测物质,如自然降尘量、硫酸盐化速率、氟化物等大气样品的采集(图2-10)。

优点:不需动力设备,简单易行,且采样时间长,测定结果能较好地反映大气污染情况。

(1) 降尘式样采集

采集空气中降尘的方法分为湿法和干法两种,其中,湿法应用更为普遍。

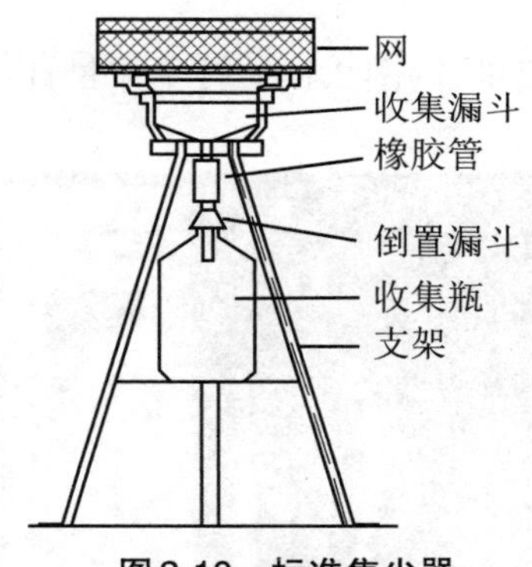

图2-10　标准集尘器

湿法采样是在一定大小的圆筒形玻璃(或塑料、瓷、不锈钢)缸中加入一定量的水,放置在距地面5～12 m高处,附近无高大建筑物及局部污染源的地方(如空旷的屋顶上),采样口距基础面1～1.5 m,以避免地面扬尘的影响。

我国集尘缸尺寸为内径15 cm、高30 cm,一般加水100～300 mL(视蒸发量和降雨量而定)(图2-11)。

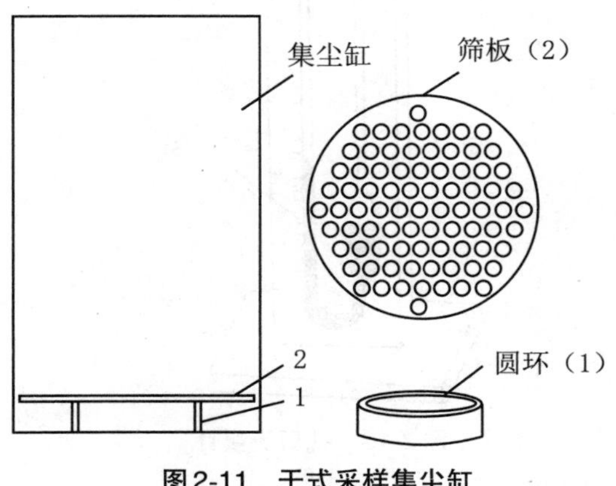

图2-11　干式采样集尘缸

为防止冷冻和抑制微生物及藻类的生长,保持缸底湿润,需加入适量乙二醇。采样时间为30±2天,多雨季节注意及时更换集尘缸,防止水满溢出。各集尘缸采集的样品合并后测定。

(2) 硫酸盐化速率样品的采集

碱片法:将用碳酸钾溶液浸渍过的玻璃纤维滤膜置于采样点上,则空气中的二氧化硫、硫酸雾等与碳酸反应生成硫酸盐而被采集。

二、大气样品采样仪器

(一) 组成部分

1. 收集器

气体吸收管、吸收瓶、填充柱、滤料采样夹等。

2. 流量计

皂膜流量计(图2.12)、孔口流量计(图2.13)、转子流量计(图2.14)。

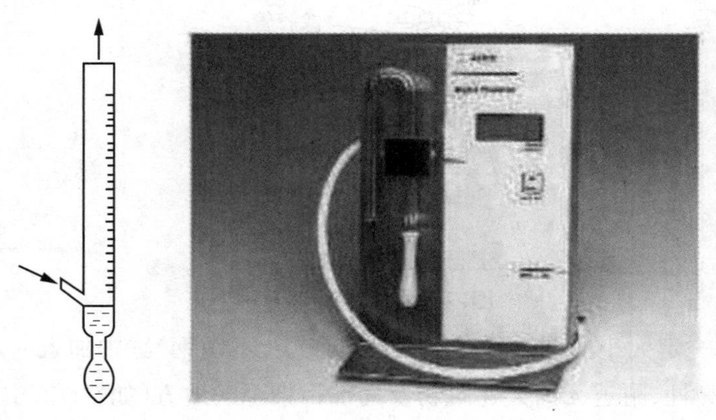

图2-12　皂膜流量计

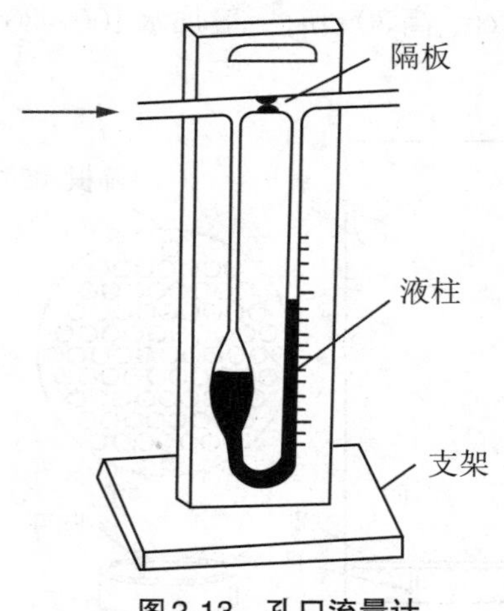

图2-13　孔口流量计

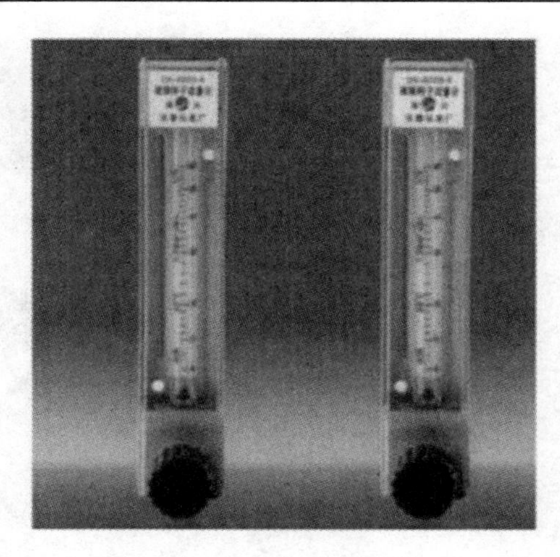

图2-14　转子流量计

转子流量计的工作原理是流量越大转子升得越高，可以直接从转子位置读出流量(图2-15)。

转子如果吸附水分则会增加重量，会影响测量结果，因此需要在进气口之前加装干燥管。

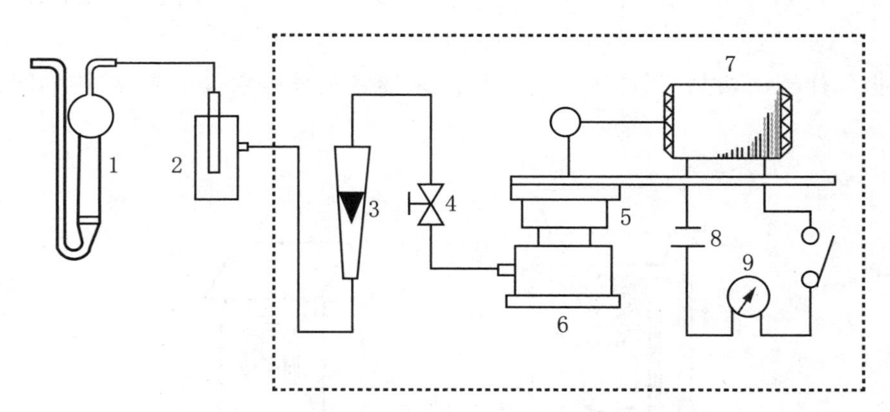

1. 吸收管；2. 滤水井；3. 转子流量计；4. 流量调节阀；5. 抽气泵；
6. 稳流器；7. 电动机；8. 电源；9. 定时器

图2-15　携带式采样器工作原理

3. 采样动力：

原则：选择重量轻、体积小、抽气动力大、流量稳定、连续运行能力强、噪声小的采样动力。

电动抽气泵有：真空泵、刮板泵、薄膜泵、电磁泵。

（二）专用采样器

1. 空气采样器

空气采样器采样流量为0.5～2.0 L/min(图2-16)。

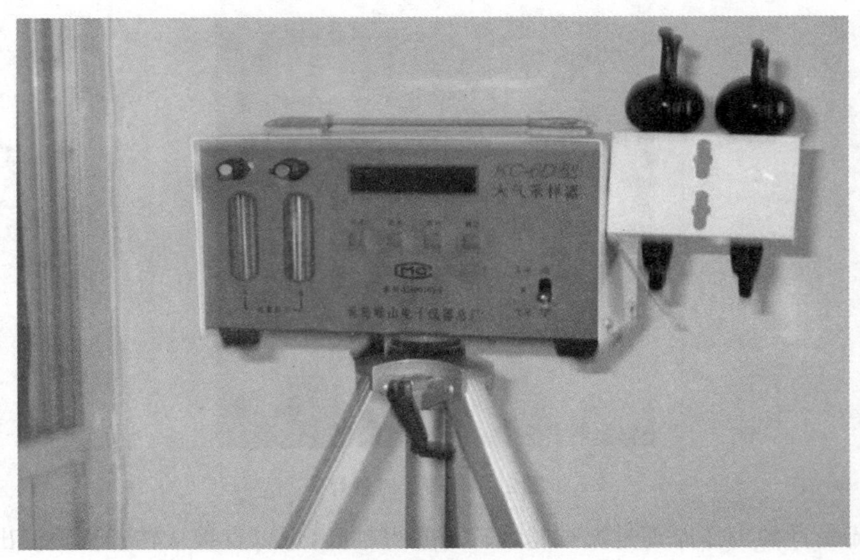

图2-16　空气采样器实物照片

2. 颗粒物采样器

分为总悬浮颗粒物(TSP)采样器、细颗粒物($PM_{2.5}$)采样器和可吸入颗粒物(PM_{10})采样器。采样器一般可分为大流量1.05 m^3/min、中流量100 L/min、小流量16.67 L/min三种类型。

颗粒物采样器由切割器、滤膜夹、流量计、采样管及采样泵等组成,结构如图2-17、图2-18所示。

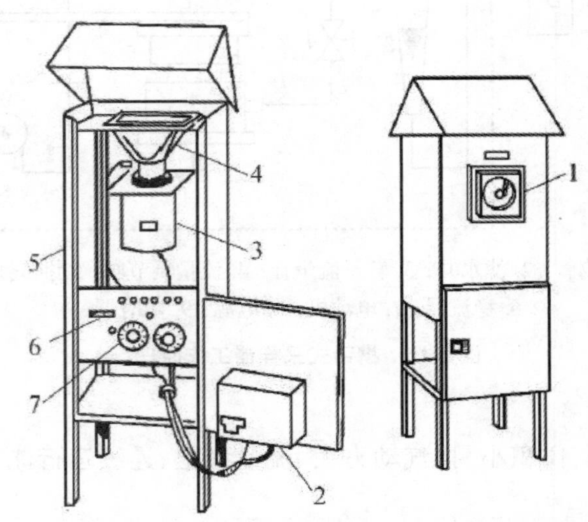

1. 流量记录仪; 2. 流量控制器; 3. 抽气风机; 4. 滤膜夹; 5. 铝壳;
6. 工作计时器;7. 计时器的程序控制器

图2-17　大流量采样器

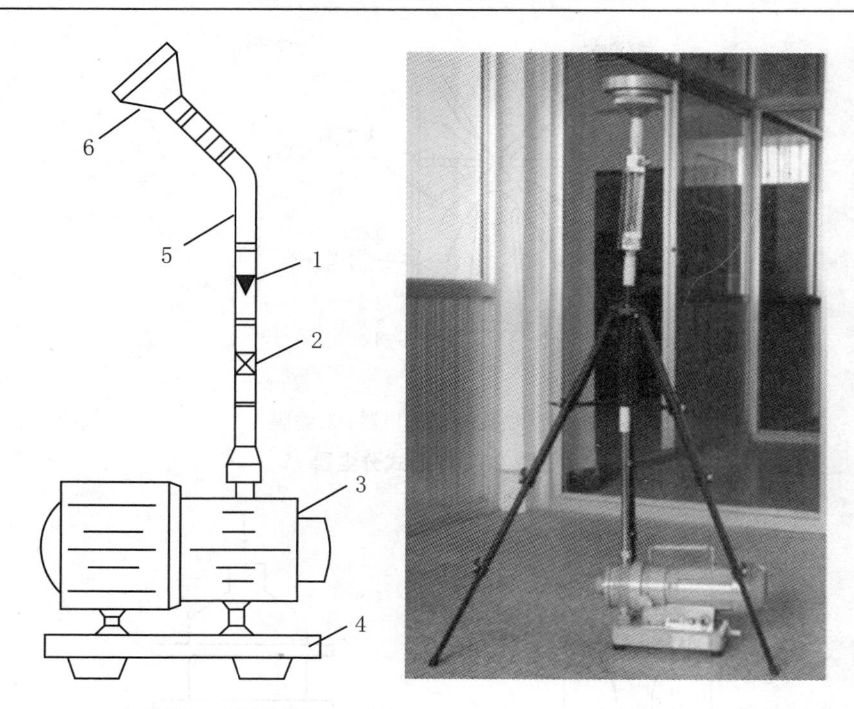

1. 流量计；2. 调节阀；3. 采样泵；4. 消声器；5. 采样管；6. 采样头

图2-18　中流量采样器

分尘器分为旋风式(图2-19)、向心式(图2-20)、撞击式(图2-21)等多种,又可分为二级式和多级式(图2-22),二级式用于采集粒径10 μm以下的颗粒物,多级式可分级采集不同粒径的颗粒物,用于测定颗粒物的粒度分布。

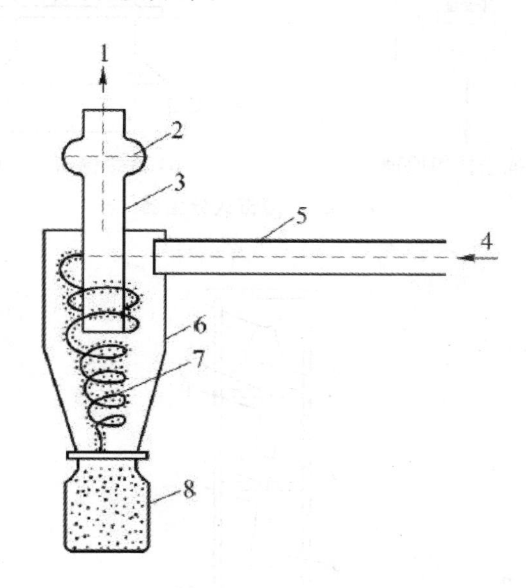

1. 空气出口；2. 滤膜；3. 气体排出管；4. 空气入口；5. 气体导管；6. 圆筒体；
7. 旋转气流轨线；8. 大粒子收集器

图2-19　旋风式分尘器

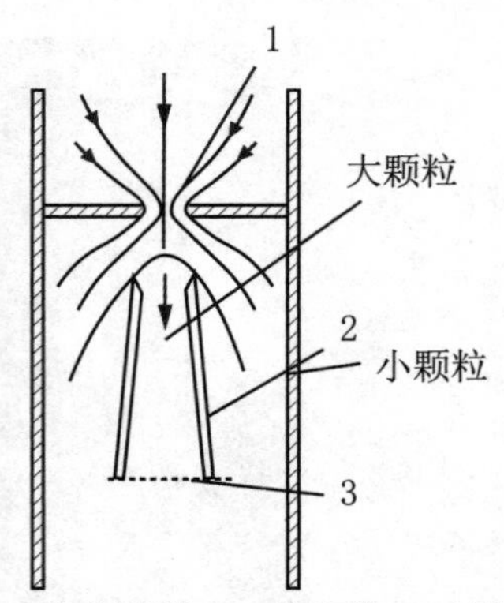

1. 空气喷孔；2. 收集器；3. 滤膜

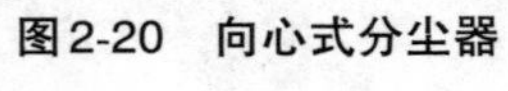

图2-20　向心式分尘器

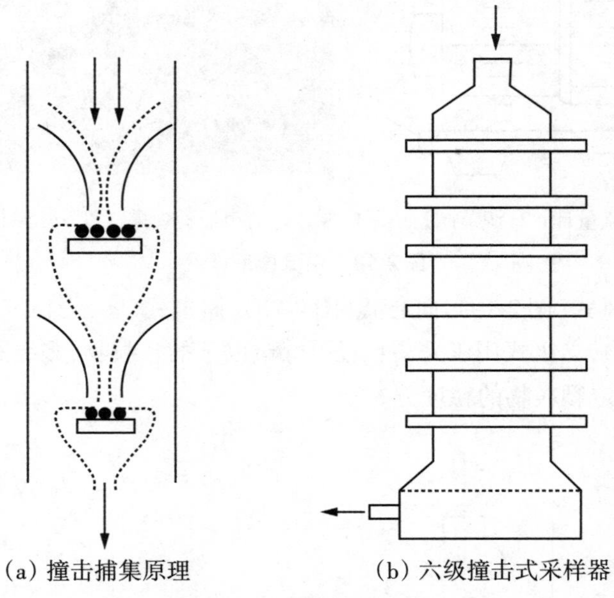

(a) 撞击捕集原理　　(b) 六级撞击式采样器

图2-21　撞击式分尘器

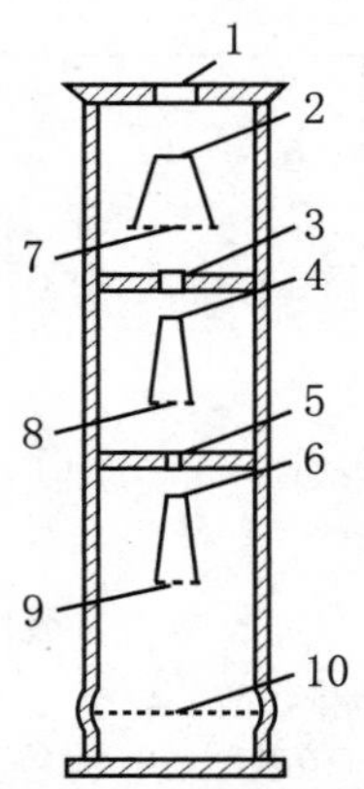

1、3、5. 气流喷孔；2、4、6. 锥形收集器；7、8、9、10. 滤膜

图2-22　三级向心式分尘器

（三）采样记录

记录被测污染物的名称及编号、采样地点和采样时间、采样流量和采样体积、采样时的温度与大气压力以及天气情况、采样仪器和所用吸收液、采样者与审核者姓名。

第三节　土壤样品的采集和保存

一、土壤样品采样点的布设

（一）布设原则

合理划分采样单元,采样点不能设在田边、沟边、路边、肥堆边及水土流失严重或表层土被破坏处。

（二）布设方法

① 对角线布点法适用于面积较小、地势平坦的污水灌溉或污染河水灌溉的田块;

② 梅花形布点法适用于面积较小、地势平坦、土壤物质和污染程度较均匀的地块;

③ 棋盘式布点法适用于中等面积、地势平坦、地形完整开阔的地块,一般设10个以上的点,该法也适用于受固体废物污染的土壤,应设20个以上的点;

④ 蛇形布点法适用于面积较大、地势不很平坦、土壤不够均匀的田块;

⑤ 放射状布点法适用于大气污染型土壤;

⑥ 网格布点法适用于地形平缓的地块,农用化学物质污染型土壤、土壤背景值调查常用这种方法。

二、土壤样品的采集

在采集之前必须考虑土壤的类型、土壤属性、季节和采集地点等因素。在采集时,要避免土壤表面的杂质和植物残骸,以避免样品受到污染。所以,采集的土壤应该在草地或砾石上采集,以避免杂质和植物残骸的污染。样品应当尽可能地多采,以保证样品具备代表性。

采样可采表层样或土壤剖面。一般监测采集表层土,采样深度0～20 cm;特殊要求的监测(土壤背景、环评、污染事故等)必要时选择部分采样点采集剖面样品。剖面的规格一般为长1.5 m,宽0.8 m,深1.2 m。挖掘土壤剖面要使观察面向阳,表土和底土分两侧放置。

剖面样品采集过程:

① 根据土壤剖面颜色、结构、质地、疏松度和植物根系分布划分土层；

② 观察记录剖面的形态和特征(颜色、质地等)；

③ 自下而上取土,分别装入土袋。

三、土壤样品的制备和保存

(一) 土壤样品制备

土壤样品采集后,一般经过风干、磨碎、过筛、混合、分装、制样等步骤进行制备和预处理。

1. 风干

将潮湿土样倒在白色搪瓷盘或塑料膜上,摊成约2 cm厚的薄层,用玻璃棒间断地压碎、翻动,使其均匀风干,在这一过程中应拣出碎石、砂砾及植物残体等杂质。

2. 研磨过筛

在进行分析之前,还需要研磨土壤样品将其分解成较小颗粒,这可以提高土壤中某些化学性质的可测性。研磨后根据测试需求,过不同目筛网,以去除其中的较大颗粒。筛选应选择合适孔径的筛网,操作时应防止样品吸附在筛网上而损失分析物。

3. 混合

混匀是取样前必不可少的重要步骤。应将过筛的样品全部置于有机玻璃板或无色聚乙烯膜上,充分搅拌、混合直至均匀,保证制备出的样品能够代表原样。混匀操作可采用(但不限于)以下3种方式:

(1) 翻拌法

用铲子进行对角翻拌,重复10次以上。

(2) 提拉法

轮换提取方形聚乙烯膜的对角一上一下提拉,重复10次以上。

(3) 堆锥法

将土壤样品均匀地从顶端倾倒,堆成一个圆锥体,重复5次以上。

除手工混匀外,也可采用缩分器等仪器辅助混匀,其与土壤样品接触的材质须不干扰样品测试结果。

4. 分装制样

样品混匀后,应按照不同的工作目的,采用四分法进行弃取和分装,并及时填写样品制备原始记录表。保留的样品须满足分析测试、细磨、永久性留存和质量抽测所需的样品量。其中,留作细磨的样品量至少为细磨目标样品量的1.5倍。剩余样品可以称重、记录后丢弃。对于砂石和植物根茎等较多的特殊样品,应在备注中注明,并记录弃去杂质的重量。标签应一式两份,瓶(袋)内放一份塑料标签,瓶(袋)外贴一份标签。在整个制备过程中应经常、仔细检查核对标签,严防标签模糊不清、丢失或样品编码错误混淆。对于易污染的测定项目,可单独分装。

(二) 土壤样品的保存

实验室土壤样品保存应遵循以下原则:

① 一般土壤样品需保存半年至一年,以备必要时查核之用;

② 储存样品应尽量避免日光、潮湿、高温和酸碱气体等的影响(水分的影响);

③ 玻璃材质容器是常用的优质贮器,聚乙烯塑料容器也属美国环保局推荐容器之一,该类贮器性能良好、价格便宜且不易破损;

④ 将风干土样、沉积物或标准土样等贮存于洁净的玻璃或聚乙烯容器之内,在常温、阴凉、干燥、避阳光、密封(石蜡涂封)条件下可保存30个月;

⑤ 风干土样存于阴凉、干燥、通风、无污染的样品库内;

⑥ 测定挥发性和不稳定组分用的新鲜土壤样品,放在玻璃瓶中,置于低于4 ℃的冰箱内存放,保存半个月。

四、土壤样品的预处理

土壤样品预处理的目的是使样品中待测组分的形态和浓度符号测定方法的要求以及减少或消除共存组分的干扰。方法主要有分解法和提取法,前者用于元素测定,后者用于有机污染物和不稳定组分的测定。

(一) 酸消解法

酸消解法是测定土壤中重金属常选用的方法。常用混合酸消解体系,必要时加入氧化剂或还原剂加速消解反应。常用的混合酸消解体系有:盐酸-硝酸-氢氟酸-高氯酸(图2-23)、硝酸-氢氟酸-高氯酸、硝酸-硫酸-高氯酸、硝酸-硫酸-磷酸等。

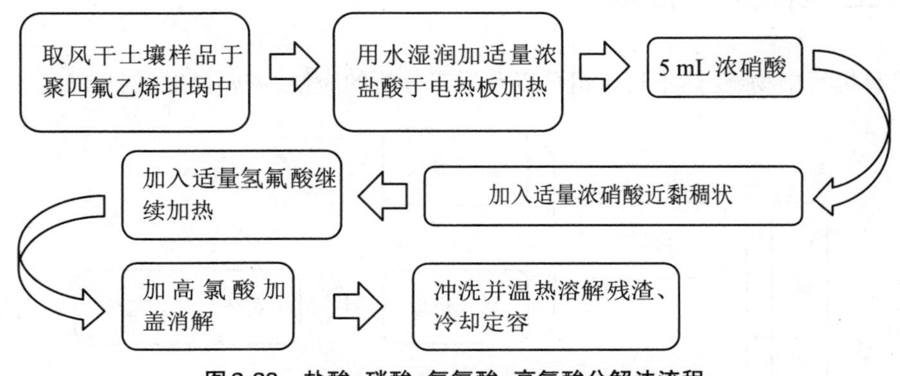

图2-23　盐酸-硝酸-氢氟酸-高氯酸分解法流程

（二）碱熔分解法

将土壤样品与碱混合，在高温下熔融，使样品分解(图2-24)。

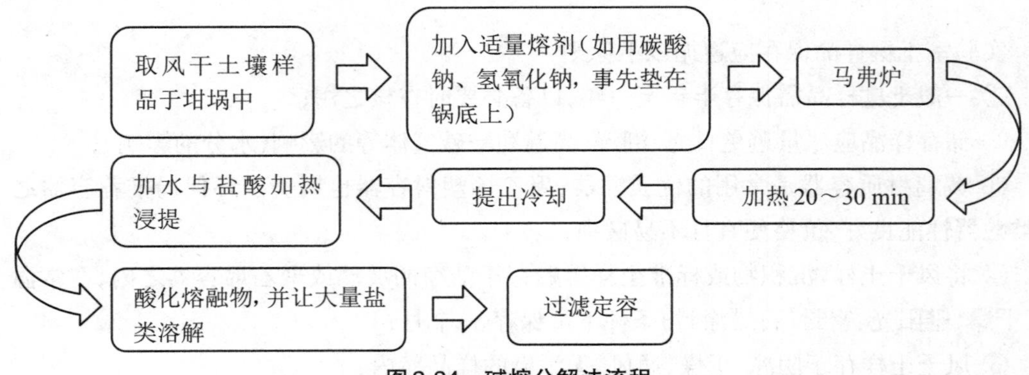

图2-24　碱熔分解法流程

（三）高压釜密闭分解法

将用水润湿、加入混合酸并摇匀的土样放入密封的聚四氟乙烯坩埚内，置于耐压的不锈钢套筒中，放在烘箱内加热(一般不超过180 ℃)分解。

优点：用酸少、挥发损失少、操作简单、可批量处理样品。

缺点：不能观察分解过程；样量小，不能测定微量组分；分解有机质高的土壤，要预先充分分解。

（四）微波炉加热分解法

将土壤样品和混合酸放入聚四氟乙烯容器中，置于微波炉内加热使试样分解的方法。

优点：热效率高；搅拌均匀、分解速度快。

五、土壤样品的提取

测定有机污染物、受热不稳定组分以及形态分析的时候，需要提取(图2-25)。

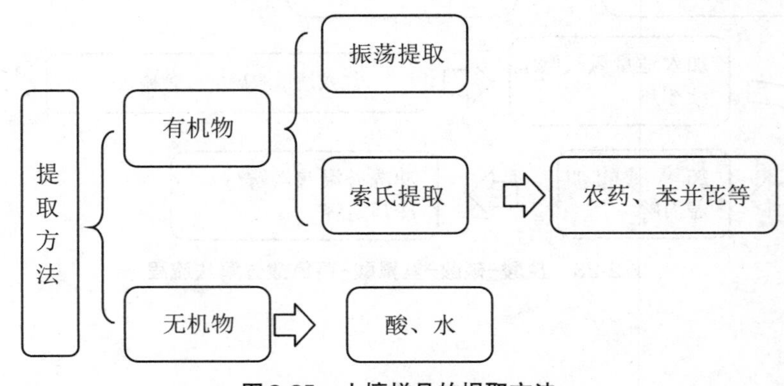

图2-25　土壤样品的提取方法

六、土壤样品的浓缩和净化

土壤样品的浓缩和净化流程如图2-26所示。

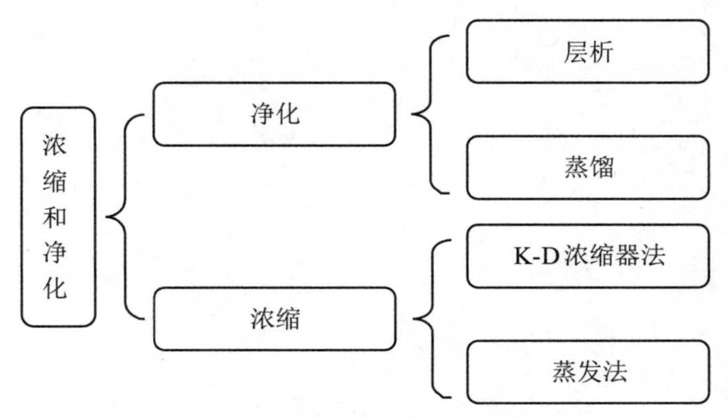

图2-26　土壤样品浓缩净化示意图

第二部分

环境监测实验

第三章　水质污染监测实验

实验一　水体色度的测定

一、实验目的

① 了解水体色度的基本概念；

② 掌握水体色度的测定方法。

二、实验原理

清洁水在水层浅时应为无色，在深层为浅蓝绿色。由于天然水中存在腐殖质、泥土、浮游生物、铁和锰等金属离子，均可使水体着色。纺织、印染、造纸、食品、有机合成工业的废水中，常含有大量的染料、生物色素和有色悬浮微粒等，因此常常是使环境水体着色的主要污染源。

水的颜色定义为“改变透射可见光光谱组成的光学性质”，可区分为“表观颜色”和“真实颜色”。“真实颜色”是指去除浊度后水的颜色。测定未经过滤或离心的原始水样的颜色即为“表观颜色”。对于清洁的或浊度很低的水，这两种颜色相近。对着色很深的工业废水，其颜色主要由于胶体和悬浮物所造成，故可根据需要测定“真实颜色”或“表观颜色”。

水的色度单位是度，即在每升溶液中含有2 mg六水合氯化钴(Ⅱ)(相当于0.5 mg钴)和1 mg铂(以六氯铂(Ⅳ)酸的形式)时产生的颜色为1度。

测定较清洁的、带有黄色色调的天然水和饮用水的色度，用铂钴标准比色法，以度数表示结果。此法操作简单，标准色列的色度稳定，易保存。

为说明工业废水的颜色种类，如，深蓝色、棕黄色、暗黑色等，可用文字描述。为定量说明工业废水色度的大小，采用稀释倍数法表示色度，即将工业废水按一定的稀释倍数，用水稀释到接近无色时，记录稀释倍数，以此表示该水样的色度，单位为倍。

三、仪器和试剂

1. 仪器

50 mL具塞比色管。

2. 试剂

(1) 无色水

将蒸馏水通过0.2 μm滤膜,用于配制色度标准溶液。

(2) 铂钴标准溶液

称取1.246 g氯铂酸钾(K_2PtCl_6)(相当于500 mg铂)及1.000 g氯化钴($CoC1 \cdot 6H_2O$)(相当于250 mg 钴),溶于100 mL水中,加100 mL盐酸,用水定容至1000 mL。此溶液色度为500度,保存在密闭玻璃瓶中,放于暗处。

四、实验步骤

1. 铂钴标准比色法

(1) 标准色列的配制

向50 mL比色管中加入0 mL,0.50 mL,1.00 mL,1.50 mL,2.00 mL,2.50 mL,3.00 mL,3.50 mL,4.00 mL,5.00 mL,6.00 mL和7.00 mL铂钴标准溶液,用水稀释至标线,混匀。各管的色度依次为0度、5度、10度、15度、20度、25度、30度、35度、40 度、50度、60度和70度。密塞保存。

(2)水样的测定

分取50.0 mL澄清透明水样于比色管中,如水样色度较大,可酌情少取水样,用水稀释至50.0 mL。将水样与铂钴标准色列在自然光线下进行目视比较。观测时,可将比色管置于白瓷板或白纸上,目光自管口垂直向下观察。记下与水样色度相同的铂钴标准色列的色度。如果水样色度超过70度,可稀释后再次测定。

2. 稀释倍数法

① 取100～150 mL澄清水样置于烧杯中,以白色瓷板为背景,观测并描述其颜色种类;

② 分取澄清的水样,用水稀释成不同倍数;分取50 mL水样分别置于50 mL比色管中,管底部衬一白瓷板,由上向下观察稀释后水样的颜色,并与蒸馏水相比较,直至刚好看不出颜色,记录此时的稀释倍数。

五、数据处理

铂钴标准比色法色度计算:

$$色度(度)=\frac{A\times 50}{B}$$

式中,A为稀释后水样相当于铂钴标准色列的色度,单位为度;

B为水样的体积,单位为mL。

六、注意事项

① 可用重铬酸钾代替氯铂酸钾配制标准色列,方法如下:称取0.0437 g重铬酸钾和1.000 g硫酸钴($CoSO_4 \cdot 7H_2O$),溶于少量水中,加入0.50 mL硫酸,用水稀释至500 mL,此溶液的色度为500度,此标质溶液不宜久存;

② pH对色度影响较大,pH高时往往色度加深,在测量色度时应测量水体的pH;

③ 如果样品中有泥土或其他分散得很细的悬浮物,虽经预处理而得不到透明水样时,则只测“表观颜色”。

实验二　水体浊度的测定

一、实验目的

① 了解水体浊度的基本概念;

② 掌握水体浊度的测定方法。

二、实验原理

浊度是由于水含有泥沙、黏土、有机物、无机物、浮游生物和微生物等悬浮物质所造成的,可使光散射或吸收,会对通过光线产生阻碍。天然水经过混凝、沉淀和过滤等处理,使水变得清澈。

样品收集于具塞玻璃瓶内,应在取样后尽快测定。如需保存,可在4 ℃冷藏、暗处保存24 h,测试前要激烈振摇水样并恢复到室温。

测定水样浊度可采用浊度计法。

浊度计的工作原理是通过测量光在液体中的散射来确定浊度值,从而反映出液体中的颗粒浓度或悬浮物的浓度。

三、仪器和试剂

多参数水质测定仪或浊度计。

四、实验步骤

① 按开关键将仪器打开，仪器先进行自检预热，自检预热完毕后，根据需要选择合适的测量范围和参数设置，进入测量状态；

② 将完全搅拌均匀的水样倒入干净的样杯中，确保样品充分覆盖样杯，注意避免气泡的产生，盖上样杯内盖；

③ 将样杯平稳放入测量池内，检查盖上的凹口是否和槽相吻合，保护黑盖上的标志应与仪器上的箭头相对，关闭测量池盖；

④ 数据稳定后，按读数(或测量)键，即可读取被测水样的浊度值；

⑤ 读数后立即取出样杯，等待下一个样品的测量或关机。

五、仪器校准

浊度计的校准请参照仪器说明书。

六、注意事项

① 选择与测量要求相符的样品，并根据需要进行适当的预处理，注意样品的透明度和颗粒物的浓度，以确保测量结果的准确；

② 使用无尘纸巾或专用布清洁浊度分析仪，避免污染和划伤测量池，避免直接接触测量池，以免留下指纹或污渍影响测量；

③ 按照仪器说明书和操作手册的指导进行正确的操作，避免操作失误或过快，以免影响测量结果的准确性；

④ 定期对浊度分析仪进行校准，以确保测量结果的准确性和可靠性，校准频率和方法可根据具体仪器的要求进行调整；

⑤ 使用浊度分析仪时，注意安全操作，避免对眼睛造成伤害，根据实验室规章，佩戴适当的防护眼镜和手套。

实验三　水体总硬度的测定:EDTA滴定法

一、实验目的

① 了解测定水体硬度的意义和测定原理;

② 掌握测定水体硬度的方法。

二、实验原理

硬度是表示水抵抗与肥皂产生肥皂泡的一种性质,一般指在加热时易产生水垢的水。硬度盐类一般包括Ca^{2+},Mg^{2+},Fe^{2+},Mn^{2+},Sr^{2+},Te^{3+},Al^{3+}等容易形成难溶盐类的金属阳离子,在一般天然水中,主要是Ca^{2+}和Mg^{2+},其他离子含量较少,因此,一般常以水中的Ca^{2+}和Mg^{2+}总量作为硬度的定义。Ca^{2+}和Mg^{2+}总量称为总硬度,根据假想化合物的原理,考虑到水中阴离子的组成,又可把硬度区分为碳酸盐硬度和非碳酸盐硬度。水总硬度是否符合标准是自来水的一个重要参考数据,也是水质的一个重要监测指标。

如果水的硬度是由碳酸氢钙或碳酸氢镁所引起的,那么这种硬度叫暂时硬度,因为这种硬度在煮沸时很容易成为白色沉淀析出,反应式如下:

$$Ca(HCO_3)_2 \longrightarrow CaCO_3 \downarrow + CO_2 \uparrow + H_2O$$

$$Mg(HCO_3)_2 \longrightarrow MgCO_3 \downarrow + CO_2 \uparrow + H_2O$$

如果水的硬度是钙和镁的硫酸盐、氯化物等所引起的,则称为非碳酸盐硬度。这种硬度用一般的煮沸方法不能从水中析出,故也称为永久硬度。

在pH为10的条件下,用EDTA溶液络合滴定钙离子和镁离子,作为指示剂的铬黑T与钙和镁形成紫红或紫色溶液,在滴定时,游离的Ca^{2+}和Mg^{2+}首先与EDTA反应,到达终点时溶液的颜色由紫色变为亮蓝色。由滴定所用的EDTA的体积即可算出水样中钙离子的含量,从而求出总硬度。

本方法适用于测定地表淡水和地下水体,不适用于高盐水体。

本方法最低测定浓度为0.05 mmol/L。

三、仪器和试剂

(1) 仪器

50 mL酸式滴定管;250 mL锥形瓶。

(2) 10 mmol/L EDTA标准溶液

称取乙二胺四乙酸二钠盐1.99 g,溶于300 mL水中,可适当加热溶解;冷却后转移至试剂瓶中,用水稀释至500 mL摇匀。

(3) pH 10氨水-氯化铵缓冲溶液

称取54 g氯化铵,溶于350 mL氨水中,用水稀释至1 L。

(4) 5 g/L铬黑T指示剂

称取0.5 g铬黑T溶于100 mL三乙醇胺中,可最多用25 mL乙醇代替三乙醇胺以减少溶液的黏性,盛放在棕色瓶中(或配制铬黑T指示剂干粉:称取0.5 g铬黑T与100 g氯化钠充分研细、混匀,盛放在棕色瓶中,塞紧,可长期使用)。

(5) 10 mmol/L钙标准溶液

将碳酸钙在150 ℃下干燥2 h;称取1.001 g已干燥过的碳酸钙置于500 mL锥形瓶中,用水湿润;逐滴加入4 mol/L的盐酸至碳酸钙完全溶解,加200 mL水,煮沸数分钟赶除二氧化碳,冷至室温,加入数滴甲基红指示液;逐滴加入3 mol/L氨水,直至变为橙色,转移至1000 mL容量瓶中,并定容至1000 mL。

(6) EDTA标准滴定液的标定

移取20 mL EDTA标准溶液于250 mL锥形瓶中,加水稀释至50 mL;加入5 mL缓冲溶液和3滴铬黑T指示剂(或50～100 mg铬黑T指示剂干粉),此时溶液为紫红色;立即用10 mmol/L钙标准溶液滴定,开始滴定时速度宜稍快,接近终点时宜稍慢,并充分振荡,滴定至溶液颜色由紫红色变为亮蓝色,即为滴定终点,记录消耗钙标准溶液的体积(mL)。

EDTA标准滴定液的浓度计算公式如下:

$$c_1=\frac{c_2\times V_2}{V_1}$$

式中,c_2为钙标准溶液的浓度,单位为mmol/L;

V_1为EDTA溶液体积,单位为mL;

V_2为消耗的钙标准溶液的体积,单位为mL。

四、实验步骤

1. 样品采集

水样采集后应在24 h内完成测定,否则每升水中需加入2 mL硝酸进行保存。

2. 样品测定

① 取50.00 mL水样置于250 mL锥形瓶中,加入5 mL缓冲溶液和3滴铬黑T指示剂(或50～100 mg铬黑T指示剂干粉),此时溶液为紫红色,pH应在10左右;

② 立即用EDTA标准滴定液进行滴定,开始滴定时速度宜稍快,接近终点时宜稍慢,并充分震荡,滴定至溶液颜色由紫红色变为亮蓝色,即为滴定终点,整个滴定过程应在5 min内完成;

③ 记录消耗EDTA标准滴定液的体积,单位为mL。

五、数据处理

$$总硬度(mmol/L,CaCO_3)=\frac{c_1\times V_1}{V_0}$$

式中,c_1为EDTA标准滴定液的浓度,单位为mmol/L;

V_1为消耗的EDTA标准滴定液的体积,单位为mL;

V_0为水样体积,单位为mL。

六、注意事项

① 为防止碳酸钙及氢氧化镁在碱性溶液中沉淀,滴定时索取的50 mL水样中的钙和镁总量不可超过3.6 mmol/L;

② 加入缓冲溶液后,必须立即滴定,并在5 min内完成滴定,在达到滴定终点前,每加一滴EDTA标准滴定液,都应充分振荡,最好每滴之间间隔2～3 s。

实验四　水中溶解氧的测定

一、实验目的

① 了解溶解氧的意义和测定原理;

② 掌握测定水体溶解氧的方法和操作。

二、实验原理

溶解在水中的分子态氧称为溶解氧。天然水的溶解氧含量取决于水体与大气中氧的平衡。清洁地表水溶解氧一般接近饱和,由于藻类的生长,溶解氧可能过饱和。水体受有机、无机还原性物质污染时溶解氧降低。当大气中的氧来不及补充时,水中溶解氧逐渐降低以至趋近于零,此时厌氧菌繁殖,水质恶化,将导致鱼虾死亡。因此,水体中溶解氧是评价水质的重要指标之一,溶解氧的变化情况在一定程度上反映了水体受污染的程度。

碘量法测定溶解氧的原理为:在碱性条件下,在样品中溶解氧将二价氢氧化锰氧化成四价锰的水合物。酸化后,生成的四价锰的水合物将碘化物氧化游离出等当量的碘,用硫代硫酸钠滴定法,测定游离碘量。根据硫代硫酸钠的用量,可计算出水中溶解氧的含量。反应式如下:

$$MnSO_4 + 2NaOH \longrightarrow Mn(OH)_2 \downarrow + Na_2SO_4$$

$$2Mn(OH)_2 + O_2 \longrightarrow 2H_2MnO_3 \downarrow (\text{棕色})$$

$$H_2MnO_3 + H_2O \longrightarrow H_4MnO_4 \downarrow (\text{棕色})$$

$$H_4MnO_4 + 2KI + 2H_2SO_4 \longrightarrow MnSO_4 + I_2 + K_2SO_4 + 4H_2O$$

$$2Mn(OH)_2 + O_2 + H_2O \longrightarrow 2H_3MnO_3 \downarrow (\text{棕色})$$

$$2H_3MnO_3 + 3H_2SO_4 + 2KI \longrightarrow 2MnSO_4 + I_2 + K_2SO_4 + 6H_2O$$

$$I_2 + 2Na_2S_2O_3 = 2NaI + Na_2S_4O_6$$

碘量法是测定水中溶解氧的基准方法。在没有干扰的情况下,此方法适用于各种溶解氧浓度大于0.2 mg/L和小于氧的饱和浓度两倍(约20 mg/L)的水样。清洁水体可直接采用碘量法测定。水样中有色或含有氧化性及还原性物质、藻类、悬浮物等影响测定。氧化性物质可使碘化物游离出碘,产生正干扰;某些还原性物质可把碘还原成碘化物,产生负干扰;有机物(如腐殖酸、丹宁酸、本质素等)可能被部分氧化产生负干扰。所以大部分受污染的地表水和工业废水,不可直接采用碘量法进行测定,可选择采用溶氧仪进行测定。

测定溶解氧的电极由一个附有感应器的薄膜和一个温度测量及补偿的内置热敏电阻组成。电极的可渗透薄膜为选择性薄膜,把待测水样和感应器隔开,水和可溶性物质不能透过,只允许氧气通过。当给感应器供应电压时,氧气穿过薄膜发生还原反应,产生微弱的扩散电流,通过测量电流值可测定溶解氧浓度。

三、仪器和试剂

(1) 仪器

具塞碘量瓶(250 mL);50 mL酸式滴定管;溶解氧测定仪。

(2) 硫酸锰溶液

称取480 g $MnSO_4 \cdot 4H_2O$溶于1000 mL水中。

(3) 碱性碘化钾溶液

称取500 g氢氧化钠溶于300~400 mL水中,另称取150 g碘化钾溶于200 mL水中,待氢氧化钠溶液冷却后,将两种溶液混合,稀释至1000 mL,储存于棕色塑料瓶中,避光保存。

(4) (1+5)硫酸溶液

详略。

(5) 1%淀粉溶液

称取1 g可溶性淀粉,用少量水调成糊状,再用刚煮沸的水冲稀至100 mL;冷却后,加入0.1 g水杨酸或0.4 g氯化锌防腐。

(6) 0.025 mol/L重铬酸钾标准溶液($1/6\ K_2Cr_2O_7$)

称取于105~110 ℃烘干2 h并冷却的优级纯重铬酸钾1.2258 g,溶于水中;转移至1000 mL容量瓶中,用水稀释至标线,摇匀。

(7) 0.025 mol/L 硫代硫酸钠溶液

称取6.2 g硫代硫酸钠($Na_2S_2O_3 \cdot 5H_2O$)溶于煮沸放冷的水中;加入0.2 g碳酸钠,用水稀释至1000 mL,贮于棕色瓶中;使用前用0.025 mol/L重铬酸钾标准溶液标定。标定方法如下:

于250 mL碘量瓶中,加入100 mL水、1.0 g碘化钾、10.00 mL的0.025 mol/L重铬酸钾标准溶液和5 mL(1+5)硫酸溶液,密塞,摇匀。

于暗处静置5 min,用待标定的硫代硫酸钠溶液滴定至溶液呈淡黄色,加入1 mL淀粉溶液,继续滴定至蓝色刚好消失为止,30 s内不变回蓝色即为终点,记录硫代硫酸钠溶液消耗量:

$$c_1 = \frac{10 \times 0.025}{V}$$

式中,c_1为硫代硫酸钠溶液浓度,单位为mol/L;

V为滴定时消耗的硫代硫酸钠溶液体积,单位为mL。

四、实验步骤

1. 碘量法测定水体溶解氧

(1) 样品采集

将洗净的250 mL碘量瓶用待测水样荡洗3次。

用虹吸法取水样注满碘量瓶,迅速盖紧瓶塞,瓶中不能留有气泡。

平行做3个水样。

(2) 溶解氧的固定

用吸管插入溶解氧瓶的液面下,加入1.0 mL硫酸锰溶液和2.0 mL碱性碘化钾溶液,盖好瓶塞,颠倒混合数次,静置。

待沉淀物降至瓶内一半时,再颠倒混合一次,继续静置,待沉淀物下降到瓶底。

一般在取样现场进行固定。

(3) 析出碘

轻轻打开瓶塞,立即用吸管插入液面下加入2.0 mL硫酸。

小心盖好瓶塞,颠倒混合摇匀至沉淀物全部溶解为止,若不完全溶解,可再加入少量浓硫酸至沉淀完全溶解溶液澄清且呈黄色。

放置暗处5 min。

(4) 滴定

从碘量瓶中移取100.0 mL溶液置于250 mL锥形瓶中,用硫代硫酸钠溶液滴定至溶液呈淡黄色时,加入1%淀粉溶液1 mL,继续滴定至蓝色刚好褪去为止,记录硫代硫酸钠溶液用量。

2. 溶解氧测定仪测定水体溶解氧

(1) 电极准备

所有新购买的溶解氧探头都是干燥的,使用之前必须加入电极填充液,再与仪器连接。连接步骤如下:

① 按仪器说明书装配电极;

② 在电极中加入电极填充液;

③ 将薄膜轻轻旋到电极上;

④ 用指尖轻击电极的边缘以确保电极内无气泡,为避免损坏薄膜,不要直接拍击薄膜的底部;

⑤ 确保橡胶形环准确地位于膜盖内;

⑥ 将感应器面朝下,顺时针方向旋拧膜盖,一些电解液将会溢出。

当不使用时,套上随机提供的薄膜保护盖。

(2) 电极校准

打开溶解氧测定仪,自检预热后,点击“校准”按键,按照仪器说明书依次对零点和饱和点进行校准,校准结束后保存校准数据。

(3) 样品测量

仪器校准完毕后,将电极浸入被测水样中,如果要显示饱和百分比(%),按单位切换键转换到“饱和百分比(%)”状态。为进行精确的溶解氧测量,要求水样的最小流速为0.3 m/s,水流应以一个适当的速度循环,以保证消耗的氧持续不断地得到补充。在野外和实验室测量静止水体时,可用手平行轻轻摇动电极以确保电极头消耗的氧持续不断得到补充。待电极显示数值稳定后,读取溶解氧含量值。

五、数据处理

$$\text{溶解氧浓度}(O_2, mg/L) = \frac{c_1 \times V \times 8 \times 1000}{100}$$

式中,c_1为硫代硫酸钠滴定液的浓度,单位为mol/L;

V为消耗的硫代硫酸钠滴定液的体积,单位为mL。

六、注意事项

① 如果水样中含有氧化性物质(如游离氯大于0.1 mg/L),应预先于水样中加入硫代硫酸钠去除:即用两个溶解氧瓶各取一瓶水样,在其中一瓶加入5 mL (1+5)硫酸和1 g碘化钾,摇匀,此时游离出碘;以淀粉作指示剂,用硫代硫酸钠溶液滴定至蓝色刚退,记下用量(相当于去除游离氯的量);于另一瓶水样中,加入同样量的硫代硫酸钠溶液,摇匀后,按操作步骤测定;

② 如果水样呈强酸性或强碱性,可用氢氧化钠或硫酸液调至中性后测定;

③ NO_2^-干扰可加叠氮化钠去除；

④ Fe^{3+}离子浓度达到100～300 mg/L时，可加入1 mL 40%氟化钾溶液消除干扰。

实验五　水体化学需氧量的测定：重铬酸钾法

一、实验目的

① 了解COD的意义和测定原理；

② 掌握重铬酸钾法测定COD的方法和操作。

二、实验原理

化学需氧量(COD)是指在强酸并加热条件下，用重铬酸钾作为氧化剂处理水样时所消耗的氧化剂的量，以氧的毫克每升来表示。化学需氧量反映了水中受还原性物质污染的程度，水中还原性物质包括有机物、亚硝酸盐、亚铁盐、硫化物等。水被有机物污染是很普遍的，因此化学需氧量也作为有机物相对含量的指标之一，但只能反映能被氧化的有机物污染，不能反映多环芳烃、PCB、二噁英类等的污染状况。COD_{cr}是我国实施排放总量控制的指标之一。

在强酸性溶液中，用一定量的重铬酸钾加入硫酸银作为催化剂时可氧化水样中还原性物质，过量的重铬酸钾以试亚铁灵作指示剂，用硫酸亚铁铵溶液回滴。根据硫酸亚铁铵的用量算出水样中还原性物质消耗氧的量。

酸性重铬酸钾氧化性很强，可氧化大部分有机物，加入硫酸银作催化剂时，直链脂肪族化合物可完全被氧化，而芳香族有机物却不易被氧化，吡啶不被氧化，挥发性直链脂肪族化合物、苯等有机物存在于蒸气相，不能与氧化剂液体接触，氧化不明显。氯离子能被重铬酸盐氧化，并且能与硫酸银作用产生沉淀，影响测定结果，故在回流前向水样中加入硫酸汞，使成为络合物以消除干扰。氯离子含量高于1000 mg/L 的样品应先作定量稀释，使含量降低至1000 mg/L以下后再行测定。

用0.25 mol/L浓度的重铬酸钾溶液可测定大于50 mg/L的COD值，未经稀释水样的测定上限是700 mg/L。用0.025 mol/L浓度的重铬酸钾溶液可测定5～50 mg/L的COD值，但低于10 mg/L时测量准确度较差。

三、仪器和试剂

(1) 回流装置

带250 mL锥形瓶的全玻璃回流装置。

（2）加热装置

变阻电炉。

（3）其他仪器

50 mL酸式滴定管；250 mL锥形瓶。

（4）0.2500 mol/L重铬酸钾标准溶液（1/6 $K_2Cr_2O_7$）

称取预先在120 ℃下烘干2 h的基准或优纯级重铬酸钾12.25 g溶于水中，移入1000 mL容量瓶中，稀释至标线，摇匀。

（5）试亚铁灵指示液

称取1.458 g邻菲啰啉（$C_{12}H_8N_2 \cdot H_2O$，1，10-phenanthroline），0.695 g硫酸亚铁（$FeSO_4 \cdot 7H_2O$）溶于水中，稀释至100 mL，储存于棕色瓶中。

（6）硫酸亚铁铵标准溶液[0.1mol/L的$(NH_4)_2Fe(SO_4)_2 \cdot 6H_2O$]

称取39.5 g硫酸亚铁铵溶于水中，边搅拌边缓慢加入20 mL浓硫酸；冷却后移入1000 mL容量瓶中，加水稀释至标线，摇匀。用前用重铬酸钾标准溶液标定。

标定方法：准确吸取10.00 mL重铬酸钾标准浴液于500 mL锥形瓶中，加水稀释至110 mL左右；缓慢加入30 mL浓硫酸，混匀；冷却后，加入3滴试亚铁灵指示液（约0.15 mL），用硫酸亚铁铵溶液滴定，溶液的颜色由黄色经蓝绿色至红褐色即为终点，浓度计算方法如下：

$$C=\frac{10.00\times 0.2500}{V}$$

式中，C为硫酸亚铁铵标准溶液浓度，单位为mol/L；

V为滴定时消耗的硫酸亚铁铵标准溶液体积，单位为mL。

（7）硫酸-硫酸银溶液

于2500 mL浓硫酸中加入25 g硫酸银；放置1～2 d，不时摇动使其溶解（如无2500 mL容器，可在500 mL浓硫酸中加入5 g硫酸银）。

（8）硫酸汞

结晶或粉末。

四、实验步骤

① 取20.00 mL混合均匀的水样（或适量水样稀释至20.00 mL）置于250 mL磨口的回流锥形瓶中；准确加入10.00 mL重铬酸钾标准溶液及数粒洗净的玻璃珠或沸石，连接磨回流冷凝管；从冷凝管上口慢慢地加入30 mL硫酸-硫酸银溶液，轻轻摇动锥形瓶使溶液混匀，加热回流2 h（自开始沸腾时计时）。

注意：a. 对于化学需氧量高的废水样，可先取上述操作所需体积1/10的废水样和试剂，于15 mm×150 mm硬质玻璃试管中，摇匀，加热后观察是否变成绿色。

如溶液显绿色，再适当减少废水取样量，直到溶液不变绿色为止，从而确定分析废水样时应取用的体积。

稀释时,所取废水样量不得少于5 mL,如果化学需氧量很高,则废水样应多次逐级稀释。

b. 废水中氯离子含量超过30 mg/L时,应先把0.4 g硫酸汞加入回流锥形瓶中,再加20.00 mL废水(或适量废水稀释至20.00 mL)、摇匀。

② 冷却后,用90 mL水从上部慢慢冲洗冷凝管壁,取下锥形瓶;溶液总体积不得少于140 mL,否则因酸度太大,滴定终点不明显。

③ 溶液再度冷却后,加3滴试亚铁灵指示液,用硫酸亚铁铵标准溶液滴定;溶液的颜色由黄色经蓝绿色至红褐色即为终点;记录硫酸亚铁铵标准溶液的用量。

④ 测定水样的同时,以20.00 mL重蒸馏水,按同样操作步骤作空白试验,记录滴定空白时硫酸亚铁铵标准溶液的用量。

五、数据处理

$$COD_{Cr}(O_2, mg/L) = \frac{(V_0 - V_1)C \times 8 \times 1000}{V}$$

式中,C为硫酸亚铁铵标准溶液的浓度,单位为mol/L;

V_0为滴定空白时硫酸亚铁铵标准溶液用量,单位为mL;

V_1为滴定水样时硫酸亚铁铵标准溶液用量,单位为mL;

V为水样体积,单位为mL;

8为氧($\frac{1}{2}$O)摩尔质量,单位为g/mol。

六、注意事项

① 使用0.4 g硫酸汞络合氯离子的最高量可达40 mg,如取用20.00 mL水样,即最高可络合2000 mg/L氯离子浓度的水样。

若氯离子浓度较低,亦可少加硫酸汞,保持硫酸汞∶氯离子=10∶1;若出现少量氯化汞沉淀,并不影响测定。

② 水样取用体积可在10.00~50.00 mL之间,但试剂用量及浓度需按表3-1进行调整,也可得到满意的结果。

表3-1　水样取用量和试剂用量

水样体积(mL)	试剂用量				滴定前总体积(mL)
	0.2500 mol/L 重铬酸钾溶液(mL)	硫酸-硫酸银溶液(mL)	硫酸汞(g)	硫酸亚铁铵浓度(mol/L)	
10.0	5.0	15	0.2	0.050	70
20.0	10.0	30	0.4	0.100	140
30.0	15.0	45	0.6	0.150	210

续表

水样体积(mL)	试剂用量				滴定前总体积(mL)
	0.2500 mol/L 重铬酸钾溶液(mL)	硫酸-硫酸银溶液(mL)	硫酸汞(g)	硫酸亚铁铵浓度(mol/L)	
40.0	20.0	60	0.8	0.200	280
50.0	25.0	75	1.0	0.250	350

③ 对于化学需氧量小于50 mg/L 的水样,应改用0.0250 mol/L重铬酸钾标准溶液;回滴时用0.01 mo1/L硫酸亚铁铵标准溶液。

④ 水样加热回流后,溶液中重铬酸钾剩余量应以加入量的1/5～4/5为宜。

⑤ 用邻苯二甲酸氢钾标准溶液检查试剂的质量和操作技术时,由于每克邻苯二甲酸氢钾的理论COD_{Cr}为 1.176 g,所以溶解0.4251 g邻苯二甲酸氢钾($HOOCC_6H_4COOK$)于重蒸馏水中,转入1000 mL容量瓶,用重蒸馏水稀释至标线,使之成为500 mg/L的COD_{Cr}标准溶液。用时新配。

⑥ COD_{Cr}的测定结果应保留3位有效数字。

⑦ 每次实验时,应对硫酸亚铁铵标准滴定溶液进行标定,室温较高时尤其应注意其浓度的变化。标定方法亦可采用如下操作:于空白试验滴定结束后的溶液中,准确加入10.00 mL的0.2500 mol/L重铬酸钾溶液,混匀,然后用硫酸亚铁铵标准溶液进行标定。

⑧ 回流冷凝管不能用软质乳胶管,否则容易老化、变形,使冷却水不通畅。

⑨ 用手摸冷却水时不能有温感,否则测定结果偏低。

⑩ 滴定时不能激烈摇动锥形瓶,瓶内试液不能溅出水花,否则影响测定结果。

实验六　水体生物化学需氧量的测定:BOD_5

一、实验目的

① 了解生物化学需氧量的意义和测定原理;

② 掌握BOD_5的测定方法和操作。

二、实验原理

生化需氧量是指在规定条件下,微生物分解存在水中的某些可氧化物质,特别是有机物所进行的生物化学过程中消耗溶解氧的量。生活污水与工业废水中含有大量的各类有机物。当其污染水域后,这些有机物在水体中分解时要消耗大量溶解氧,从而破坏水体中氧的平衡,使水质恶化,因缺氧造成鱼类及其他水生生物的死亡。水体中所含的有机物成分复杂,难以一一测定其成分。人们常常利用水中有机物在一定条件下所消耗的氧来间接表示水体中有机物的含量,生化需氧量即属于这类的重要指标之一。

微生物分解有机物是一个缓慢的过程,如在20 ℃培养时,完成此过程需100多天。目前国内外普遍规定20 ℃培养5 d,分别测定样品培养前后的溶解氧,二者之差即为BOD_5值,以氧的毫克每升表示。

对某些地表水及大多数工业废水,因含较多的有机物,需要稀释后再培养测定,以降低其浓度和保证有充足的溶解氧。稀释的程度应使培养中所消耗的溶解氧大于2 mg/L,而剩余溶解氧在1 mg/L以上。

为了保证水样稀释后有足够的溶解氧,稀释水通常要通入空气进行曝气(或通入氧气),使稀释水中溶解氧接近饱和。稀释水中还应加入一定量的无机营养盐和缓冲物质(磷酸盐、钙、镁和铁盐等),以保证微生物生长的需要。

对于不含或少含微生物的工业废水,其中包括酸性废水、碱性废水、高温废水或经过氯化处理的废水,在测定BOD时应进行接种,以引入能分解废水中有机物的微生物。当废水中存在着难以被一般生活污水中的微生物以正常速度降解的有机物或含有剧毒物质时,应将驯化后的微生物引入水样中进行接种。

测定生化需氧量的水样,采集时应充满并密封于瓶中,在0~4 ℃下进行保存。一般应在6 h内进行分析。若需要远距离转运,在任何情况下,贮存时间不应超过24 h。

三、仪器和试剂

1. 仪器

① 恒温培养箱(20 ℃±1 ℃);

② 5~20 L细口玻璃瓶;

③ 1000~2000 mL量筒;

④ 玻璃搅棒:棒的长度应比所用量筒高度长200 mm,在棒的底端固定一个直径比量筒底小并带有几个小孔的硬橡胶板;

⑤ 溶解氧瓶:250~300 mL之间,带有磨口玻璃塞并具有供水封用的钟形口;

⑥ 虹吸管:供分取水样和添加稀释水用。

2. 试剂

(1) 磷酸盐缓冲溶液

将8.5 g磷酸二氢钾(KH_2PO_4),21.75 g磷酸氢二钾(K_2HPO_4),33.4 g七水合磷酸氢二钠($Na_2HPO_4·7H_2O$)和1.7 g氯化铵(NH_4Cl))溶于水中,稀释至1000 mL,此时溶液的pH应为7.2。

(2) 硫酸镁溶液

将22.5 g七水合硫酸镁($MgSO_4·7H_2O$)溶于水中,稀释至1000 mL。

(3) 氯化钙溶液

将27.5 g无水氯化钙溶于水,稀释至1000 mL。

(4) 氯化铁溶液

将0.25 g六水合氯化铁($FeCl_3 \cdot 6H_2O$)溶于水,稀释至1000 mL。

(5) 5 mol/L盐酸溶液

将40 mL (ρ=1.18 g/mL)盐酸溶于水,稀释至1000 mL。

(6) 0.5 mol/L氢氧化钠溶液

将20 g氢氧化钠溶于水,稀释至1000 mL。

(7) 0.025 mol/L亚硫酸钠浴液(1/2 Na_2SO_3)

将1.575 g亚硫酸钠溶于水,稀释至1000 mL。此溶液不稳定,需当天配制。

(8) 葡萄糖-谷氨酸标准溶液

将葡萄糖($C_6H_{12}O_6$)和谷氨酸($HOOC\text{-}CH_2\text{-}CH_2\text{-}CHNH_2\text{-}COOH$)在103 ℃干燥1 h后,各称取150 mg溶于水中,移入1000 mL容量瓶内并稀释至标线,混合均匀。此标准溶液用前配制。

(9) 稀释水

在5~20 L玻璃瓶内装入一定量的水,控制水温在20 ℃左右;然后用无油空气压缩机或薄膜泵,将吸入的空气先后经活性炭吸附管及水洗涤管后,导入稀释水内曝气2~8 h,使稀释水中的溶解氢接近于饱和(曝气亦可导入适量纯氧);瓶口盖以两层经洗涤晾干的纱布,置于20 ℃培养箱中放置数小时,使水中溶解氧含量达8 mg/L左右。用前每升水中加入氯化钙溶液、氯化铁溶液、硫酸镁溶液、磷酸盐缓冲溶液各1 mL,并混合均匀。

稀释水的pH应为7.2,其 BOD_5应小于0.2 mg/L。

(10) 接种液

可选择以下任一方法,以获得适用的接种液:

① 城市污水:一般采用生活污水,在室温下放置一昼夜,取上清液供用;

② 表层土壤浸出液:取100 g花园或植物生长土壤,加入1000 mL水,混合并静置10 min,取上清液供用;

③ 含城市污水的河水或湖水;

④ 污水处理厂的出水;

⑤ 当分析含有难以降解物质的废水时,在其排污口下游适当距离处取水样作为废水的驯化接种液。

如无此种水源,可取中和或经适当稀释后的废水进行连续曝气,每天加入少量该种废水,同时加入适量表层土壤或生活污水,使能适应该种废水的微生物大量繁殖。

当水中出现大量絮状物,或检查其化学需氧量的降低值出现突变时,表明适用的微生物已进行繁殖,可用作接种液。

一般驯化过程需要3~8 d。

(11) 接种稀释水

分取适量接种液加于稀释水中,混匀。每升稀释水中接种液加入量为:生活污水1~10 mL;表层土壤浸出液20~30 mL;河水,湖水10~100 mL。

接种稀释水的pH应为7.2，BOD_5值以在0.3～1.0 mg/L之间为宜。接种稀释水配制后应立即使用。

四、实验步骤

1. 水样的预处理

① 水样的pH若超出6.5～7.5范围时，可用盐酸或氢氧化钠稀溶液调节pH近于7，但用量不要超过水样体积的0.5%。若水样的酸度或碱度很高，可改用高浓度的碱或酸液进行中和。

② 水样中含有铜、铅、锌、镉、铬、砷、氰等有毒物质时，可使用经驯化的微生物接种液的稀释水进行稀释，或提高稀释倍数以减少毒物的浓度。

③ 含有少量游离氯的水样，一般放置1～2 h，游离氯即可消失。对于游离氯在短时间不能消散的水样，可加入亚硫酸钠溶液除去，其加入量由下述方法决定：

取已中和好的水样100 mL，加入(1+1)乙酸10 mL，10%碘化钾溶液1 mL，混匀；以淀粉溶液为指示剂，用亚硫酸钠溶液滴定游离碘；由亚硫酸钠溶液消耗的体积，计算出水样中应加亚硫酸钠溶液的量。

④ 从水温较低的水域或富营养化的湖泊中采集的水样，可能含有过饱和溶解氧，此时应将水样迅速升温至20 ℃左右，在不使满瓶的情况下，充分振摇，并时时开塞放气，以赶出过饱和的溶解氧。

从水温较高的水域或废水排放口取得的水样，则应迅速使其冷却至20 ℃左右，并充分振摇，使与空气中氧分压接近平衡。

2. 不经稀释水样的测定

① 溶解氧含量较高、有机物含量较少的地表水，可不经稀释而直接以虹吸法将约20 ℃的混匀水样转移入两个溶解氧瓶内，转移过程中应注意不使其产生气泡。

以同样的操作使两个溶解氧瓶充满水样后溢出少许，加塞，瓶内不应留有气泡。

② 其中一瓶随即测定溶解氧，另一瓶的瓶口进行水封后，放入培养箱中，在20 ℃±1 ℃培养5 d。在培养过程中注意添加封口水。

③ 从放入培养箱时算起，经过5昼夜后，弃去封口水，测定剩余的溶解氧。

3. 需经稀释水样的测定

(1) 根据计算确定合适的稀释倍数

工业废水：由重铬酸钾法测得的COD值来确定，通常需作3个稀释比。

使用稀释水时，由COD值分别乘以系数0.075，0.15，0.225，即获得3个稀释倍数；使用接种稀释水时，则分别乘以0.075，0.15和0.25这3个系数。

注意：COD_{Cr}值可在测定COD过程中，加热回流至60 min时，用由校核试验的邻苯二甲酸氢钾溶液按COD测定相同操作步骤制备的标准色列进行估测得到。

(2) 稀释操作

① 一般稀释法:按照选定的稀释比例,用虹吸法沿筒壁先引入部分稀释水(或接种稀释水)于1000 mL量筒中;加入需要量的均匀水样,再加入稀释水(或接种稀释水)至800 mL;用带胶板的玻棒小心上下搅匀,搅拌时勿使搅棒的胶板露出水面,以防产生气泡。

按不经稀释水样的测定相同操作步骤进行装瓶、测定当天溶解氧和培养5 d后的溶解氧。

另取两个溶解氧瓶,用虹吸法装满稀释水(或接种稀释水)作为空白试验,测定5 d前后的溶解氧。

② 直接稀释法:直接稀释法是在溶解氧瓶内直接稀释。在已知两个容积相同(其差<1 mL)的溶解氧瓶内用虹吸法加入部分稀释水(或接种稀释水);再加入根据瓶容积和稀释比例计算出的水样量;然后用稀释水(或接种稀释水)使刚好充满,加塞,勿留气泡于瓶内。其余操作与上述一般稀释法相同。

溶解氧的测定一般碘量法详见本书溶解氧测定部分。

五、数据处理

(一) 不经稀释直接培养的水样

$$BOD_5(\text{mg/L})=C_1-C_2$$

式中,C_1为水样在培养前的溶解氧浓度,单位为mg/L;

C_2为水样经5 d培养后剩余的溶解氧浓度,单位为mg/L。

(二) 经稀释后培养的水样

$$BOD_5(\text{mg/L})=\frac{(C_1-C_2)-(B_1-B_2)f_1}{f_2}$$

式中,B_1为稀释水在培养前的溶解氧浓度,单位为mg/L;

B_2为稀释水经培养后的溶解氧浓度,单位为mg/L;

f_1为稀释水在培养液中所占比例;

f_2为水样在培养液中所占比例。

六、注意事项

① 水中有机物的生物氧化过程,可分为两个阶段:第一阶段为有机物中的碳和氢,氧化生成二氧化碳和水,此阶段称为碳化阶段,完成碳化阶段在20 ℃大约需20 d;第二阶段为含氮物质及部分氨,氧化为亚硝酸盐及硝酸盐,称为硝化阶段,完成硝化阶段在20 ℃时需要约100 d。因此,一般测定水样BOD_5时,硝化作用很不显著或根本不发生硝化作用。但对于生

物处理池的出水，因其中含有大量的硝化细菌，所以在测定BOD_5时也包括了部分含氮化合物的需氧量。对于这样的水样，如果我们只需要测定有机物降解的需氧量，可以加入硝化抑制剂，抑制硝化过程。为此目的，可在每升稀释水样中加入1 mL浓度为500 mL/L 的丙烯基硫脲（ATC，$C_4H_8N_2S$）或一定量固定在氯化钠上的2-氯代-6-三氯甲基吡啶（TCMP，Cl-C_5H_3N-C-CH_3），使TCMP在稀释样品中的浓度大约为0.5 mg/L。

② 玻璃器皿应彻底洗净。先用洗涤剂浸泡清洗，然后用稀盐酸浸泡，最后依次用自来水、蒸馏水洗净。

③ 样品的稀释程度应使消耗的溶解氧质量浓度不小于2 mg/L，培养后剩余的溶解氧浓度不小于2 mg/L，且试样中剩余的溶解氧浓度为开始浓度的1/3～2/3为最佳。

④ 为检查稀释水和接种液的质量以及化验人员的操作水平，可将20 mL葡萄糖-谷氨酸标准溶液用接种稀释水稀释至1000 mL，按测定BOD_5的步骤操作。测得BOD_5的值应在180～230 mg/L之间，否则应检查接种液、稀释水的质量或操作技术是否存在问题。

⑤ 水样稀释倍数超过100倍时，应预先在容量瓶中用水初步稀释，再取适量进行最后稀释培养。

实验七　水体磷的测定：钼酸铵分光光度法

一、实验目的

① 了解总磷对水体环境的影响；

② 掌握钼酸铵分光光度法测定水体总磷的原理和方法。

二、实验原理

在天然水和废水中，磷几乎都以各种磷酸盐的形式存在，它们分为正磷酸盐、缩合酸盐（焦磷酸盐、偏磷酸盐和多磷酸盐）和有机结合的磷（如磷脂等），它们存在于溶液、腐殖质粒子或水生生物中。

一般天然水中磷酸盐含量不高。化肥、冶炼、合成洗涤剂等行业的工业废水及生活污水中常含有较大量的磷。磷是生物生长必需的元素之一，但水体中磷含量过高（如超过0.2 mg/L），可造成藻类的过度繁殖，直至数量上达到有害的程度（称为富营养化），造成湖泊、河流透明度降低，水质变坏。磷是评价水质的重要指标。

在酸性条件下，正磷酸盐与钼酸铵、酒石酸锑氧钾反应，生成磷钼杂多酸，被还原剂抗坏血酸还原，则变成蓝色络合物，通常即称磷钼蓝。于分光光度计波长700 nm处测量吸光度。

三、仪器和试剂

1. 仪器

医用手提式高压蒸汽消毒器或一般民用压力锅(98.1～147.1 kPa)；电炉2 kW；调压器，2 kVA，0～220 V；50 mL(磨口)具塞刻度管；分光光度计。

2. 试剂

(1) 5%过硫酸钾溶液

溶解5 g过硫酸钾于水中，并稀释至100 mL。

(2) (1+1)硫酸

详略。

(3) 10%抗坏血酸溶液

溶解10 g抗坏血酸于水中，并稀释至100 mL。该溶液贮存在棕色玻璃瓶中，在约4 ℃可稳定几周，如发现溶液颜色变黄，则应弃去重配。

(4) 钼酸盐溶液

溶解13 g钼酸铵($(NH_4)_6Mo_7O_{24}\cdot 4H_2O$)于100 mL水中；溶解0.35 g酒石酸锑钾($KSbC_4H_4O_7\cdot H_2O$)于100 mL水中；在不断搅拌下，将钼酸铵溶液徐徐加到300 mL(1+1)硫酸中，加酒石酸锑钾溶液并且混合均匀，贮存在标色的玻璃瓶中于约4 ℃保存，至少可稳定两个月。

(5) 磷酸盐贮备溶液

将优级纯磷酸二氢钾(KH_2PO_4)于110 ℃干燥2 h，在干燥器中放冷；将之称取0.2197 g溶于水，移入1000 mL容量瓶中；加(1+1)硫酸5 mL，用水稀释至标线。此溶液每毫升含50.0 μg磷(以P)。

(6) 磷酸盐标准使用溶液

吸取10.00 mL磷酸盐贮备液于250 mL容量瓶中，用水稀释至标线。此溶液每毫升含2.00 μg磷，临用时现配。

四、实验步骤

1. 水样消解

吸取25.0 mL混匀水样(必要时，酌情少取水样，并加水至25 mL，使含磷量不超过30 μg)于50 mL具塞刻度管中；加过硫酸钾溶液4 mL；加塞后管口包一小块纱布并用线扎紧，以免加热时玻璃塞冲出；将具塞刻度管放在大烧杯中，置于高压蒸汽消毒器或压力锅中加热，待锅内压力达107.8 kPa(相应温度为120 ℃)时，调节电炉温度使保持此压力30 min后，停止加热，待压力表指针降至零后，取出放冷。如溶液混浊，则用滤纸过滤，洗涤后定容。

2. 标准曲线的绘制

取7支50 mL具塞比色管，分别加入磷酸盐标准使用液0 mL，0.50 mL，1.00 mL，3.00 mL，5.00 mL，10.0 mL，15.0 mL，加水至50 mL；向比色管中加入1 mL 10%抗坏血酸溶液，混匀；30 s后加2 mL钼酸盐溶液充分混匀，放15 min。

3. 样品测定

分取适量经滤膜过滤或消解的水样(使含磷量不超过30 μg)加入50 mL比色管中，向比色管中加入1 mL 10%抗坏血酸溶液，混匀；30 s后加2 mL钼酸盐溶液充分混匀，放15 min。

室温放置15 min后，使用10 mm光程的比色皿，在700 nm波长下，以试剂空白为参比，测定标准曲线和水样的吸光度；绘制标准曲线，从标准曲线中查得水样磷的含量。

五、数据处理

$$总磷(P,\mathrm{mg/L})=\frac{m}{V}$$

式中，m为由标准曲线查得的磷含量，单位为μg；

V为测定用的水样体积，单位为mL。

六、注意事项

① 如试样中色度影响测量吸光度时，需做补偿校正。

在50 mL比色管中，分取与样品测定相同量的水样，定容后加入3 mL浊度补偿液，测量吸光度，然后从水样的吸光度中减去校正吸光度。

② 室温低于13 ℃时，可在20～30 ℃水浴中显色15 min。

③ 操作所用的玻璃器皿，可用(1+5)盐酸浸泡2 h，或用不含磷酸盐的洗涤剂刷洗。

④ 比色用后应以稀硝酸或铬酸洗液浸泡片刻，以除去吸附的钼蓝有色物。

实验八　水中氨氮、亚硝酸盐氮和硝酸盐氮的测定

一、目的和要求

① 掌握测定水中氨氮、亚硝酸盐氮和硝酸盐氮的基本原理和方法；

② 了解水中氨氮、亚硝酸盐氮和硝酸盐氮的测定意义。

二、实验原理

水体中氮产物的主要来源是生活污水和某些工业废水及农业面源。大量生活污水、农田排水或含氮工业废水排入水体，使水中有机氮和各种无机氮化物含量增加，生物和微生物类的大量繁殖，消耗水中溶解氧，使水体质量恶化。湖泊、水库中含有超标的氮、磷类物质时，造成浮游植物繁殖旺盛，出现富营养化状态。

当水体受到含氮有机物污染时，其中的含氮化合物由于水中微生物和氧的作用，可以逐步分解氧化为无机的氨(NH_3)或铵(NH_4^+)、亚硝酸盐(NO_2^-)、硝酸盐(NO_3^-)等简单的无机氮化物。氨和铵中的氮称为氨氮；亚硝酸盐中的氮称为亚硝酸盐氮；硝酸盐中的氮称为硝酸盐氮。这几种形态氮的含量都可以作为水质指标，分别代表有机氮转化为无机氮的各个不同阶段。在有氧条件下，氮产物的生物氧化分解一般按氨或铵、亚硝酸盐、硝酸盐的顺序进行，硝酸盐是氧化分解的最终产物。随着含氮化合物的逐步氧化分解，水体中的细菌和其他有机污染物也逐步分解破坏，因而达到水体的净化作用。

有机氮、氨氮、亚硝酸盐氮和硝酸盐氮的相对含量，在一定程度上可以反映含氮有机物污染的时间长短，对了解水体污染历史以及分解趋势和水体自净状况等有很高的参考价值。目前应用较广的测定氨氮、亚硝酸盐氮和硝酸盐氮的方法是比色法，其中监测行业最常用的方法分别为：纳氏试剂比色法测定氨氮，盐酸萘乙二胺比色法测定亚硝酸盐氮，二磺酸酚比色法测定硝酸盐氮，其测定原理分别如下：

1. 纳氏试剂比色法测定氨氮

氨氮与纳氏试剂反应可生成黄色的络合物，其色度与氨的含量成正比，可在425 nm波长下比色测定，检出限为0.02 μg/mL。如水样污染严重，需在pH为7.4的磷酸盐缓冲溶液中预蒸馏分离。

2. 盐酸萘乙二胺比色法测定亚硝酸盐氮

在pH 2.0～2.5时，水中亚硝酸盐与对氨基苯磺酸生成重氮盐，再与盐酸萘乙二胺偶联生成红色染料，最大吸收波长为543 nm，其色度深浅与亚硝酸盐含量成正比，可用比色法测定，检出限为0.005 μg/mL，测定上限为0.1 μg/mL。

3. 二磺酸酚比色法测定硝酸盐氮

浓硫酸与酚作用生成二磺酸酚，在无水条件下二磺酸酚与硝酸盐作用生成二磺酸硝基酚，二磺酸硝基酚在碱性溶液中发生分子重排生成黄色化合物，最大吸收波长在410 nm处，利用其色度和硝酸盐含量成正比，可进行比色测定。少量的氯化物即能引起硝酸盐的损失，使结果偏低。可加硫酸银，使其形成氯化银沉淀，过滤去除，以消除氯化物的干扰(允许氯离子存在的最高浓度为10 μg/mL，超过此浓度就会干扰测定)。亚硝酸盐氮含量超过0.2 μg/mL时，将使结果偏高，可用高锰酸钾将亚硝酸盐氧化成硝酸盐，再从测定结果中减去亚硝酸盐的含量。本法的检出限为0.02 μg/mL硝酸盐氮，检测上限为2.0 μg/mL。

三、仪器和试剂

1. 仪器

紫外可见分光光度计；500～1000 mL全玻璃磨口蒸馏装置；恒温水浴；pH计；加热电炉；比色管：50 mL。

2. 试剂

(1) 2%硼酸

溶解20 g硼酸于水中，稀释至1 L。

(2) 磷酸盐缓冲溶液(pH 7.4)

称14.3 g磷酸二氢钾和68.8 g磷酸氢二钾，溶于水中并稀释至1 L。配制后用pH计测定其pH，并用磷酸二氢钾或磷酸氢二钾调至pH为7.4。

(3) 浓硫酸

详略。

(4) 纳氏试剂

称取5 g碘化钾，溶于5 mL水中，分别加入少量氯化汞($HgCl_2$)溶液(2.5 g $HgCl_2$溶于40 mL水中，必要时可微热溶解)，不断搅拌至微有朱红色沉淀为止；冷却后加入氢氧化钾溶液(15 g氢氧化钾溶于30 mL水中)，充分冷却，加水稀释至100 mL；静置一天，取上层清液贮于塑料瓶中，盖紧瓶盖，可保存数月。

(5) 50%酒石酸钾钠溶液

称取50 g酒石酸钾钠($KNaC_4H_4O_6 \cdot 4H_2O$)溶于水中，加热煮沸以驱除氨，冷却后稀释至100 mL。

(6) 氨标准溶液

称取3.819 g无水氯化铵(NH_4Cl)(预先在100 ℃干燥至衡重)，溶于水中；转入1000 mL容量瓶中，稀释至刻度，即配得1.00 mg NH_3-N/mL 的标准储备液。取此溶液10.00 mL稀释至1000 mL，即为10 μg NH_3-N/mL的标准溶液。

(7) 亚硝酸盐标准储备液

称取1.232 g亚硝酸钠溶于水中，加入1 mL氯仿，稀释至1000 mL。此溶液每毫升含亚硝酸盐氮约为0.25 mg。由于亚硝酸盐氮在湿空气中易被氧化，所以储备液需标定。

标定方法：吸取50.00 mL 0.050 mol/L高锰酸钾溶液，加5 mL浓硫酸及50.00 mL亚硝酸钠储备液于250 mL具塞锥形瓶中(加亚硝酸钠贮备液时需将吸管插入高锰酸钾溶液液面以下)混合均匀，置于水浴中加热至70～80 ℃，按每次10.00 mL的量加入足够的0.050 mol/L草酸钠标准溶液，使高锰酸钾溶液褪色并过量，记录草酸钠标准溶液用量(V_2)；再用0.050 mol/L高锰酸钾溶液滴定过量的草酸钠到溶液呈微红色，记录高锰酸钾溶液用量(V_1)。用50 mL不含亚硝酸盐的水代替亚硝酸钠贮备液，重复如上操作，用草酸钠标准溶液标定高锰酸钾溶的浓度，按下式计算高锰酸钾溶液浓度(mol/L)：

$$\rho_{1/5\,KMnO_4}=0.0500\times\frac{V_4}{V_3}$$

按下式计算亚硝酸盐氮标准储备液的浓度：

$$\rho_{亚硝酸盐氮}=(V_1\times\rho_{1/5\,KMnO_4}-0.0500\times V_2)\times 7.00\times\frac{1000}{50.00}$$

式中，$\rho_{1/5\,KMnO_4}$为经标定的高锰酸钾标准溶液的浓度，单位为mol/L；

V_1为滴定标准储备液时，加入高锰酸钾标准溶液总量，单位为mL；

V_2为滴定亚硝酸盐氮标准储备液时，加入草酸钠标准溶液总量，单位为mL；

V_3为滴定水时，加入高锰酸钾标准溶液总量，单位为mL；

V_4为滴定水时，加入草酸钠标准溶液总量，单位为mL。

（9）亚硝酸盐标准使用液

临用时将亚硝酸盐标准贮备液配制成每毫升含1.0 μg的亚硝酸盐氮的标准使用液。

（10）0.050 mol/L草酸钠标准溶液（$1/2\ Na_2C_2O_4$）

称取3.350 g经105 ℃干燥2 h的优级纯无水草酸钠溶于水中，转入1000 mL容量瓶中加水稀释至刻度。

（11）0.050 mol/L高锰酸钾溶液（$1/5\ KMnO_4$）

溶解1.6 g高锰酸钾于约1.2 L水中，煮沸0.5～1 h，使体积减小至1000 mL左右，放置过夜；用G3号熔结玻璃漏斗过滤后，滤液贮于棕色试剂瓶中，用上述草酸钠标准溶液标定其准确浓度。

（12）氢氧化铝悬浮液

溶解125 g硫酸铝钾[$KAl(SO_4)_2\cdot 12H_2O$]或硫酸铝铵[$NH_4Al(SO_4)_2\cdot 12H_2O$]于1 L水中；加热到60 ℃，在不断搅拌下慢慢加入55 mL浓氨水；放置约1 h，转入试剂瓶内，用水反复洗涤沉淀，至洗液中不含氨、氯化物、硝酸盐和亚硝酸盐为止；澄清后，把上层清液尽量全部倾出，只留浓的悬浮物。最后加100 mL水，使用前应振荡均匀。

（13）盐酸萘乙二胺显色剂

50 mL冰醋酸与900 mL水混合，加入5.0 g对氨基苯磺酸，加热使其全部溶解，再加入0.05 g盐酸萘乙二胺，搅拌溶解后用水稀释至1 L。溶液无色，贮存于棕色瓶中，在冰箱中保存可稳定一个月（当有颜色时应重新配制）。

（14）二磺酸酚试剂

称取15 g精制苯酚，置于250 mL三角烧瓶中；加入100 mL浓硫酸，瓶上放一个漏斗，置沸水浴内加热6 h，试剂应为浅棕色稠液，保存于棕色瓶内。

（15）硝酸盐标准储备液

称取0.7218 g分析纯硝酸钾（经105 ℃烘4 h），溶于水中，转入1000 mL容量瓶中，用水稀释至刻度。此溶液含硝酸盐氮100 μg/mL。如加入2 mL氯仿保存，溶液可稳定半年以上。

（16）硝酸盐标准使用液

准确移取100 mL硝酸盐标准储备液，置于蒸发皿中，在水浴上蒸干；然后加入4.0 mL二磺酸酚，用玻棒摩擦蒸发皿内壁，静置10 min；加入少量蒸馏水，移入500 mL容量瓶中，用蒸馏水稀释至标线,即为含硝酸盐氮20 μg/mL的标准使用液体。

(17) 硫酸银溶液

称取4.4 g硫酸银,溶于水中,稀释至1 L,于棕色瓶中避光保存。此溶液1.0 mL相当于1.0 mg氯(Cl^-)。

(18) 0.100 mol/L高锰酸钾溶液(1/5 $KMnO_4$)

称取0.3 g高锰酸钾,溶于蒸馏水中,并稀释至1 L。

(19) 乙二胺四乙酸二钠溶液

称取50 g乙二胺四乙酸二钠,用20 mL蒸馏水调成糊状,然后加入60 mL浓氨水,充分混合,使之溶解。

(20) 0.100 mol/L碳酸钠溶液(1/2 Na_2CO_3)

称取5.3 g无水碳酸钠,溶于1 L水中。实验用水预先要加高锰酸钾重蒸馏,或用去离子水。

四、实验步骤

(一) 氨氮的测定:纳氏试剂比色法

1. 水样蒸馏

较清洁水样可直接测定,如水样受污染一般按下列步骤进行:

为保证蒸馏装置不含氨,须先在蒸馏瓶中加200 mL无氨水,加10 mL磷酸盐缓冲溶液、几粒玻璃珠,加热蒸馏至流出液中不含氨为止(用纳氏试剂检验),冷却。然后将此蒸馏瓶中的蒸馏液倾出(但仍留下玻璃珠),量取水样200 mL,放入此蒸馏瓶中(如预先试验水样含氨量较大,则取适量的水样,用无氨水稀释至200 mL,然后加入10 mL磷酸盐缓冲液)。

另准备一只250 mL的容量瓶,移入50 mL 2%硼酸吸收液,然后将导管末端浸入吸收液中,加热蒸馏,蒸馏速度为每分钟6~8 mL,至少收集150 mL馏出液,蒸馏至最后1~2 min时,把容量瓶放低,使吸收液的液面脱离冷凝管出口,再蒸馏几分钟以洗净冷凝管和导管,用无氨水稀释至250 mL,混匀,以备比色测定。

2. 测定

(1) 水样

如为较清洁的水样,直接取50 mL澄清水样置于50 mL比色管中。一般水样则取用上述方法蒸馏出的水样50 mL,置于50 mL比色管中。若氨氮含量太高可酌情取适量水样用无氨水稀释至50 mL。

(2) 标准系列制备

另取8支50 mL比色管,分别加入铵标准溶液(含氨氮10 μg/mL)0.00 mL,0.50 mL,1.00 mL,2.00 mL,3.00 mL,5.00 mL,7.00 mL,10.00 mL,加无氨水稀释至刻度。

(3) 显色测定

在上述各比色管中,分别加入1.0 mL酒石酸钾钠,摇匀,再加1.5 mL纳氏试剂,摇匀放置10 min,用1 cm比色管,在波长425 nm处,以试剂空白为参比测定吸光度,绘制标准曲线,并从标准曲线上查得水样中氨氮的含量(μg/mL)。

(二) 亚硝酸盐氮的测定—盐酸萘乙二胺比色法

1. 不含亚硝酸盐的蒸馏水制备

蒸馏水中加入少量高锰酸钾晶体,使呈红色,再加氢氧化钡(或氢氧化钙),使呈碱性,重蒸馏。弃去50 mL初馏液,收集中间70%的无硝酸盐馏分。

2. 水样预处理

水样如有颜色和悬浮物,可在每100 mL水样中加入2 mL氢氧化铝悬浮液,搅拌后,静置过滤,弃去25 mL初滤液;取50.00 mL澄清水样于50 mL比色管中(如亚硝酸盐氮含量高,可酌情少取水样,用无亚硝酸盐蒸馏水稀释至刻度)。

3. 样品测定

(1) 标准系列制备

另取7支50 mL比色管,分别加入含亚硝酸盐氮1 μg/mL的亚硝酸盐氮标准使用液0.00 mL,0.50 mL,1.00 mL,2.00 mL,3.00 mL,4.00 mL,5.00 mL,用不含亚硝酸盐的蒸馏水稀释至刻度。

(2) 显色测定

在上述各比色管中分别加入2.0 mL盐酸萘乙二胺显色剂,混匀,静置20 min后在540 nm处,用1 cm比色皿,以试剂空白作参比测定其吸光度,绘制标准曲线。从标准曲线上查得水样中亚硝酸盐氮的含量(μg/mL)。

(三) 硝酸盐氮的测定:二磺酸酚比色法

1. 水样预处理

(1) 脱色

污染严重或色泽较深的水样(即色度超过10度),可在100 mL水样中加入2 mL $Al(OH)_3$悬浮液。摇匀后,静置数分钟,澄清后过滤,弃去最初滤出的部分溶液(5~10 mL)。

(2) 除去氯离子

先用硝酸银滴定水样中的氯离子含量,据此加入相当量的硫酸银溶液;当氯离子含量小于50 mg/L时,加入固体硫酸银,1 mg氯离子可与4.4 mg硫酸银作用。取50 mL水样,加入一定量的硫酸银溶液或硫酸银固体,充分搅拌后再通过离心或过滤除去氯化银沉淀,滤液转移至100 mL的容量瓶中定容至刻度;也可在80 ℃水浴中加热水样,摇动三角烧瓶,使氯化银沉淀凝聚,冷却后用多层慢速滤纸过滤至100 mL容量瓶,定容至刻度。

(3) 扣除亚硝酸盐氮影响

如水样中亚硝酸盐氮含量超过0.2 mg/L,可事先将其氧化为硝酸盐氮。具体方法如下:在已除氯离子的100 mL容量瓶中加入1 mL 0.5 mol/L硫酸溶液;混合均匀后滴加0.100 mol/L高锰酸钾溶液,至淡红色出现并保持15 min不褪为止,以使亚硝酸盐完全转变为硝酸盐,最后从测定结果中减去亚硝酸盐含量。

2. 标准系列的制备

分别吸取硝酸盐氮标准使用液0.00 mL、1.00 mL、1.50 mL、2.00 mL、2.50 mL、3.00 mL、4.00 mL于50 mL比色管中,加水稀释至约40 mL,加入1.0 mL二磺酸酚,加入3.0 mL浓氨水,用蒸馏水稀释至刻度,摇匀。用1 mL比色皿,以试剂空白作参比,于波长410 nm处测定吸光度,绘制标准曲线。

3. 样品测定

吸取上述经处理的水样50.00 mL(如硝酸盐氮含量较高可酌量减少)至蒸发皿内,如有必要可用0.100 mol/L碳酸钠溶液调节水样pH至中性(pH 7~8),置于水浴中蒸干。

取下蒸发皿,加入1.0 mL二磺酸酚,用玻棒研磨,使试剂与蒸发皿内残渣充分接触,静止10 min,加入少量蒸馏水,搅匀,滤入50 mL比色管中,加水稀释至约40 mL,再加入3 mL浓氨水。如有沉淀可滴加乙二胺四乙酸二钠溶液,使水样变清,用蒸馏水稀释至刻度,摇匀,用1 mL比色皿,以试剂空白作参比,于波长410 nm处测定吸光度。

根据标准曲线,计算出水样中硝酸盐氮的含量(μg/mL)。

五、数据处理

$$\text{氨氮/亚硝酸盐氮/硝酸盐氮}(\text{mg/L})=\frac{m}{V}$$

式中,m为由标准曲线查得的测定水样的氨氮或亚硝酸盐氮或硝酸盐氮含量,单位为μg;

V为测定用的水样体积,单位为mL。

六、注意事项

① 纳氏试剂中的碘化汞和碘化钾的比例对显色反应的灵敏度有较大影响,静置后的沉淀应除去再使用;

② 亚硝酸盐氮是含氮化合物分解过程的中间产物,很不稳定,采集的水样应尽快分析。

实验九　水体常见阴离子的测定:离子色谱法

一、实验目的

① 学习离子色谱法的基本原理及其操作方法;

② 掌握离子色谱法的定性和定量分析方法。

二、实验原理

离子色谱法以阴离子或阳离子交换树脂为固定相,电解质溶液为流动相(洗脱液)。在分离阴离子时,常用$NaHCO_3$-Na_2CO_3。的混合液或Na_2CO_3溶液作洗脱液;在分离阳离子时,常用稀盐酸或稀硝酸溶液作洗脱液。待测离子对离子交换树脂亲和力不同,致使它们在分离柱内具有不同的保留时间而得到分离。此法常使用电导检测器进行检测。为消除洗脱液中强电解质电导对检测的干扰,在分离柱和检测器之间串联一根抑制柱。

$$R-HCO_3+MX \underset{洗脱}{\overset{交换}{\rightleftharpoons}} RX+MHCO_3$$

$$R-H^++Na^++HCO_3^- \longrightarrow R-Na^++H_2CO_3$$

$$2R-H^++Na_2^+CO_3^{2-} \longrightarrow 2R-Na^++H_2CO_3$$

$$R-H^++M^+X^- \longrightarrow R-M^++HX$$

从抑制柱流出的洗脱液中$NaHCO_3$、Na_2CO_3已被转变成电导率很小的H_2CO_3,消除了本底电导率的影响,而且试样阴离子X也转变成相应酸的阴离子,变相提高了待测离子的电导率,因此使试样中离子电导率测定得以实现。

离子色谱法具有高效、快速、高灵敏度和选择性好等特点,因此,可用于水体中常见阴离子(F^-,Cl^-,Br^-,SO_4^{2-},NO_2^-,NO_3^-,PO_4^{3-})的测定。

三、仪器和试剂

1. 仪器

YC7060型离子色谱仪、超声波发生器。

2. 试剂

(1) 去离子水

电导率小于5 μS/cm。

(2) 洗脱储备液($NaHCO_3$-Na_2CO_3)的配制

分别称取26.04 g $NaHCO_3$和25.44 g Na_2CO_3 (105 ℃下烘干2 h,并保存在干燥器内)溶于水中,并转移到一只1000 mL容量瓶中,用水稀释至标线,摇匀。该洗脱储备液中$NaHCO_3$的浓度为0.31 mol/L,Na_2CO_3浓度为0.24 mol/L。

(3) 洗脱液的配制

吸取上述洗脱储备液10.00 mL于1000 mL容量瓶中,用水稀释至标线,摇匀,用0.45 μm微孔滤膜过滤,即得0.0031 mol/L $NaHCO_3$-0.0024 mol/L Na_2CO_3洗脱液。

(4) 抑制液(0.1 mol/L H_2SO_4和0.1 mol/L H_3BO_3混合液)的配制

称取6.2 g H_3BO_3于1000 mL烧杯中,加入约800 mL纯水溶解;缓慢加入5.6 mL浓H_2SO_4并转移到1000 mL容量瓶中;用纯水稀释至标线,摇匀。

(5) 7种阴离子标准储备液

分别称取适量的NaF,KCl,NaBr,K_2SO_4,$NaNO_2$,NaH_2PO_4,$NaNO_3$溶于水中;分别转移到1000 mL容量瓶,然后各加入10.00 mL洗脱储备液,并用水稀释至标线,摇匀备用。7种标准储备液中各阴离子的浓度均为1.00 mg/mL。

(6) 7种阴离子的标准混合使用液的配制

分别吸取上述7种标准储备液0.75 mL NaF,1.00 mL KCl,2.50 mL NaBr,12.50 mL K_2SO_4,2.50 mL $NaNO_2$,12.50 mL NaH_2PO_4,5.00 mL $NaNO_3$加入一只500 mL容量瓶中。

在同一只500 mL容量瓶中,加入5.00 mL洗脱储备液,然后用水稀释至标线,摇匀,该标准混合使用液中各阴离子浓度为1.50 μg/mL F^-,2.00 μg/mL Cl^-,5.00 μg/mL Br^-,10.00 μg/mL NO_3^-,5.00 μg/mL NO_2^-,25.00 μg/mL SO_4^{2-},25.00 μg/mL PO_4^{3-}。

(7) 7种阴离子标准使用液

吸取上述7种阴离子标准储备液各0.50 mL,分别置于7只50 mL容量瓶中;各加入洗脱储备液0.05 mL,加水稀释至标线,摇匀。

四、实验步骤

1. 仪器参数设置

(1) 分离柱

4 mm×300 mm柱内填粒径为10 μm的阴离子交换树脂。

(2) 抑制剂

电渗析离子交换膜抑制器,抑制电流48 mA。

(3) 洗脱液

$NaHCO_3$-Na_2CO_3经超声波脱气,流量为2.0 mL/min。

(4) 柱保护液

(3%)15 g H_3BO_3,溶解于500 mL纯水中。

(5) 进样量

100 μL。

待仪器上液路和电路系统达到平衡后,记录仪基线呈一直线,即可进样。

2. 绘制标准曲线

分别吸取阴离子标准混合使用液1.00 mL,2.00 mL,4.00 mL,6.00 mL,8.00 mL于5只10 mL容量瓶中,各加入0.1 mL洗脱储备液,然后用水稀释到标线,摇匀,分别吸取100 μL进样,记录色谱图,重复进样2次。

3. 测试水样

取未知水样99.00 mL,加1.00 mL洗脱储备液,摇匀,经0.45 μm微孔滤膜过滤后,取100 μL按同样实验条件进样,记录色谱图,重复进样2次。

五、数据处理

① 以质量浓度为横坐标，以测得的峰高或峰面积为纵坐标，分别绘制7种阴离子的标准曲线；

② 按下式计算各离子的含量：

$$C_i = \frac{C_1}{0.9}$$

式中，C_i为水样中某个阴离子的质量浓度，单位为mg/L；

C_1为由标准曲线得到的试样中某个阴离子的质量浓度，单位为mg/L；

0.9为稀释水样校正系数。

六、注意事项

① 实验完毕，用淋洗液洗涤色谱柱后，须用再生液再生色谱柱；

② 洗脱液需要经超声波脱气。

实验十　水中铬的测定：二苯碳酰二肼分光光度法

一、实验目的

① 学会废水中不同价态铬的测定方法；

② 了解分光光度法测定金属元素络合显色机制。

二、实验原理

工业废水中的铬来自于铬及其化合物的生产、使用和处理的各个环节，如冶金、化工、矿物工程、电镀、制铬、颜料、制药、轻工纺织、铬盐的生产等。根据铬的化合物形式，主要分为二价（如CrO）、三价（如Cr_2O_3）和六价（如CrO_3）的形式。其中，六价铬具有较高的毒性，被视为吞入性毒物和吸入性极毒物。六价铬可能通过消化、呼吸道、皮肤及黏膜侵入人体，导致出现喉咙沙哑、鼻黏膜萎缩等症状，严重时还可能引发鼻中隔穿孔和支气管扩张等。

二苯碳酰二肼在酸性介质中可与六价铬作用反应生成紫红色配合物，吸收峰在542 nm，可用分光光度法进行六价铬含量的测定。

针对于混合水样，将水样中的三价铬先用高锰酸钾氧化成六价铬，过量的高锰酸钾再用亚硝酸钠分解，最后用尿素再分解过量的亚硝酸钠，经处理后加入二苯碳酰二肼显色剂后，用分光光度法即可测得总铬含量。将总铬含量减去上述所直接测得的六价铬含量，即得三价铬含量。

三、仪器和试剂

1. 仪器

紫外可见分光光度计；10 mm石英比色皿。

2. 试剂

(1) (1+1)硫酸

详略。

(2) (1+1)磷酸

详略。

(3) 0.2%氢氧化钠溶液

详略。

(4) 4%高锰酸钾溶液

详略。

(5) 20%尿素溶液

详略。

(6) 2%亚硝酸钠溶液

详略。

(7) 氢氧化锌共沉淀剂

称取硫酸锌($ZnSO_4 \cdot 7H_2O$)8 g溶于100 mL水中；称取氢氧化钠2.4 g溶于120 mL水中；两者分别溶解后混合。

(8) 铬标准贮备液(0.10 mg/mL Cr^{6+})

称取于120 ℃干燥2 h的重铬酸钾(优级纯)0.2829 g，用水溶解后移入1000 mL容量瓶中；用水定容，摇匀。

(9) 铬标准使用液(1.00 μg/mL Cr^{6+})

吸取5.00 mL铬标准贮备液于500 mL容量瓶中；用水稀释至标线摇匀，当天使用当天配制。

(10) 二苯碳酰二肼溶液

称取二苯碳酰二肼(简称DPC，分子式为$C_{13}H_{14}N_4O$)0.2 g，溶于50 mL丙酮中；加水稀释至100 mL，摇匀；贮存于棕色瓶内，置于冰箱中保存。

四、实验步骤

1. 六价铬的测定

(1) 水样预处理

① 对不含悬浮物、低色度的清洁地面水,可直接进行测定;

② 对浑浊、色度较深的水样,应加入氢氧化锌共沉淀剂并进行过滤处理。

(2) 标准曲线绘制

取6支50 mL比色管,依次加入0 mL、0.50 mL、1.00 mL、2.00 mL、4.00 mL、8.00 mL铬标准使用液,用水稀释至标线;加入(1+1)硫酸0.5 mL和(1+1)磷酸0.5 mL,摇匀;加入2 mL二苯碳酰二肼溶液,摇匀;放置10 min后于542 nm波长处,用10 mm比色皿,以水为参比,测定吸光度。

以六价铬含量为横坐标,以吸光度为纵坐标,绘制标准曲线。

(3) 水样测定

取适量(含六价铬少于50 μg)无色透明或经预处理的水样于50 mL比色管中,用水稀释至标线,以下步骤同标准溶液测定。根据所测吸光度从标准曲线上查得六价铬含量。

2. 总铬的测定

(1) 水样预处理

① 一般清洁地面水可直接用高锰酸钾氧化后测定。

取50.0 mL清洁水样或经预处理的水样于150 mL锥形瓶中,加入几粒玻璃珠,加入(1+1)硫酸和(1+1)磷酸各0.5 mL,摇匀。加入4%高锰酸钾溶液2滴,如紫色消退,则继续滴加高锰酸钾溶液至保持红色。加热煮沸至溶液剩约20 mL。冷却后加入1 mL 20%的尿素溶液,摇匀。用滴管加2%亚硝酸钠溶液,每加一滴都充分摇匀,至紫色刚好消失。稍停片刻,待溶液内气泡逸尽,转移至50 mL比色管中,稀释至标线,供测定。

② 对含大量有机物的水样,需消解。取50 mL置于150 mL烧杯中,加入5 mL硝酸和3 mL硫酸,缓慢加热蒸发至冒白烟。如溶液仍有色,再加5 mL硝酸,重复上述操作,至溶液澄清,冷却。用水稀释至10 mL,用氢氧化铵溶液中和至pH为1~2,移入50 mL容量瓶中,用水稀释至标线,摇匀,供测定。

(2) 测试标准曲线

同六价铬标准曲线测定步骤。

(3) 水样测定

同六价铬水样测定步骤。

五、数据处理

六价铬、总铬的测定公式为

$$C=\frac{m}{V}$$

式中，m为标准曲线上得到的六价铬含量，单位为μg；

V为水样体积，单位为mL。

六、注意事项

① 如水样中钼、钒、铁、铜等含量较大，先用铜铁试剂-三氯甲烷萃取除去，然后再进行消解处理；

② 水样中存在低价铁、亚硫酸盐、硫化物等还原性物质时，可将六价铬还原为三价铬，应调节水样pH至8，加入显色剂溶液，放置5 min后再酸化显色，并以相同方法作标准曲线。

实验十一　水中汞、砷、硒、铋和锑的测定：原子荧光光度法

一、实验目的

① 了解荧光光度计的原理；

② 学会荧光光度计的操作方法；

③ 掌握原子荧光法测定水体中汞、砷、硒、铋、锑的含量。

二、实验原理

原子荧光光谱法原理是蒸气相中基态原子受到具有特征波长的光源辐射后，其中一些自由原子被激发跃迁到较高能态，然后去激发跃迁到某一较低能态或邻近基态的另一能态，将吸收的能量以辐射的形式发射出特征波长的原子荧光谱线。原子荧光光谱法检出限低、灵敏度高分析校准曲线线性范围宽：原子荧光分析校准曲线线性范围宽，可跨3～5个数量级，这使得其在测定不同浓度的元素时都能保持良好的线性关系，从而可以进行更为精确的分析。

水样进入原子荧光光度计，在硼氢化钾溶液还原作用下，生成砷化氢、铋化氢、锑化氢和硒化氢气体，汞被还原成原子态，在氩氢火焰中形成基态原子，在元素灯（汞、砷、硒、铋、锑）发射光的激发下产生原子荧光，原子荧光强度与试液中元素含量成正比。

三、仪器和试剂

1. 仪器

HGF-N_3原子荧光光度计。

2. 试剂

(1) 1+1盐酸

移取500 mL盐酸用去离子水稀释至1000 mL。

(2) 硫脲和抗坏血酸混合溶液

称取硫脲、抗坏血酸各10 g,用100 mL去离子水溶解,混匀,当日使用当日配制。

(3) 元素标准固定液

将0.5 g重铬酸钾溶于950 mL去离子水中,再加入50 mL硝酸混匀。

(4) 汞、砷、硒、铋、锑标准贮备液(ρ=100.0 mg/L)

购买市售有证的汞、砷、硒、铋、锑标准物质或标准溶液,依次配置成100.0 mg/L的汞、砷、硒、铋、锑标准贮备液。

(5) 汞标准中间液(ρ=1.0 mg/L)

移取汞标准贮备液5.00 mL,置于500 mL容量瓶中;用元素标准固定液定容至标线,混匀。

(6) 汞标准使用液(ρ=10.0 μg/L)

移取汞标准中间液5.00 mL,置于500 mL容量瓶中;用元素标准固定液定容至标线,混匀,用时现配。

(7) 砷标准中间液(ρ=1.0 mg/L)

依次移取砷标准贮备液各5.00 mL,置于500 mL的容量瓶中,加入100 mL盐酸溶液,用去离子水定容至标线,混匀。

(8) 砷标准使用液(ρ=100.0 μg/L)

移取10.00 mL砷标准中间液,置于100 mL容量瓶中,加入20 mL盐酸溶液,用去离子水定容至标线,混匀,用时现配。

(9) 铋标准中间液(ρ=1.0 mg/L)

依次移取铋标准贮备液各5.00mL,置于500 mL的容量瓶中,加入100 mL盐酸溶液,用去离子水定容至标线,混匀。

(10) 铋标准使用液(ρ=100.0 μg/L)

移取10.00 mL铋标准中间液,置于100 mL容量瓶中,加入20 mL盐酸溶液,用去离子水定容至标线,混匀,用时现配。

(11) 锑标准中间液(ρ=1.0 mg/L)

依次移取锑标准贮备液各5.00 mL,置于500 mL的容量瓶中,加入100 mL盐酸溶液,用去离子水定容至标线,混匀。

(12) 锑标准使用液(ρ=100.0 μg/L)

移取10.00 mL锑标准中间液,置于100 mL容量瓶中,加入20 mL盐酸溶液,用去离子水定容至标线,混匀,用时现配。

(13) 硒标准中间液(ρ=1.0 mg/L)

移取硒标准贮备液5.00 mL,置于500 mL的容量瓶中,用去离子水定容至标线,混匀。

(14) 硒标准使用液(ρ=100.0 μg/L)

移取10.00 mL硒标准中间液,置于100 mL容量瓶中,用去离子水定容至标线,混匀。用时现配。

(15) 硼氢化钾溶液A(ρ=10 g/L)

称取0.5 g氢氧化钾放入盛有100 mL去离子水的烧杯中,玻璃棒搅拌待完全溶解后再加入1.0 g硼氢化钾,搅拌溶解。此溶液使用当日配制,用于测定汞。

(16)硼氢化钾溶液B(ρ=20 g/L)

称取0.5 g氢氧化钾放入盛有100 mL去离子水的烧杯中,玻璃棒搅拌待完全溶解后再加入2.0 g硼氢化钾,搅拌溶解。此溶液使用当日配制,用于测定砷、硒、铋、锑。

(17) 5+95盐酸溶液

移取25 mL盐酸用去离子水稀释至500 mL。

四、实验步骤

1. 仪器参数设置

原子荧光光度计开机预热,按照仪器使用说明书设定灯电流、负高压、载气流量、屏蔽气流量等工作参数,参考条件见表3-2。

表3-2 原子荧光光度计的工作参数

元素	灯电流(mA)	负高压(V)	原子化器温度(℃)	载气流量(mL/min)	屏蔽气流量(mL/min)	测试波长(nm)
汞	15~40	230~300	200	400	800~1000	253.7
砷	40~80	230~300	200	300~400	800	193.7
硒	40~80	230~300	200	350~400	600~1000	196.0
铋	40~80	230~300	200	300~400	800~1000	306.8
锑	40~80	230~300	200	200~400	400~700	217.6

2. 仪器校准

(1) 汞的校准系列

分别移取0.50 mL,1.00 mL,2.00 mL,3.00 mL,4.00 mL,5.00 mL汞标准使用液于50 mL容量瓶中,分别加入2.5 mL盐酸,用实验用水定容至标线,混匀。

(2) 砷的校准系列

分别移取0.50 mL,1.00 mL,2.00 mL,3.00 mL,4.00 mL,5.00 mL砷标准使用液于50 mL容量瓶中,分别加入5.0 mL盐酸、10.0 mL硫脲和抗坏血酸混合溶液,室温放置

30 min(室温低于15 ℃时,置于30 ℃水浴中保温20 min),用实验用水定容至标线,混匀。

(3) 硒的校准系列

分别移取0.50 mL,1.00 mL,2.00 mL,3.00 mL,4.00 mL,5.00 mL硒标准使用液于50 mL容量瓶中,分别加入10.0 mL盐酸,室温放置30 min(室温低于15 ℃时,置于30 ℃水浴中保温20 min),用实验用水定容至标线,混匀。

(4) 铋的校准系列

分别移取0.50 mL,1.00 mL,2.00 mL,3.00 mL,4.00 mL,5.00 mL铋标准使用液于50 mL容量瓶中,分别加入5.0 mL盐酸、10.0 mL硫脲和抗坏血酸混合溶液,用实验用水定容至标线,混匀。

(5) 锑的校准系列

分别移取0.50 mL,1.00 mL,2.00 mL,3.00 mL,4.00 mL,5.00 mL锑标准使用液于50 mL容量瓶中,分别加入5.0 mL盐酸、10.0 mL硫脲和抗坏血酸混合溶液,室温放置30 min(室温低于15 ℃时,置于30 ℃水浴中保温20 min),用实验用水定容至标线,混匀。

汞、砷、硒、铋、锑的校准系列溶液浓度见表3-3。

表3-3　各元素校准系列溶液浓度

元素	标准系列(μg/L)						
汞	0.00	0.10	0.20	0.40	0.60	0.80	1.00
砷	0.00	1.00	2.00	4.00	6.00	8.00	10.00
硒	0.00	1.00	2.00	4.00	6.00	8.00	10.00
铋	0.00	1.00	2.00	4.00	6.00	8.00	10.00
锑	0.00	1.00	2.00	4.00	6.00	8.00	10.00

3. 测试标准曲线

以硼氢化钾溶液A/B为还原剂、5+95盐酸溶液为载流,由低浓度到高浓度顺次测定校准系列标准溶液的原子荧光强度。用扣除零浓度空白的校准系列原子荧光强度为纵坐标,溶液中相对应的元素浓度(μg/L)为横坐标,绘制校准曲线。同等条件下测试空白样品。

4. 样品测定

将制备好的试料导入原子荧光光度计中,按照与绘制校准曲线相同仪器工作条件进行测定。如果被测元素浓度超过校准曲线浓度范围,应稀释后重新进行测定。同时将制备好的空白试料导入原子荧光光度计中,按照与绘制校准曲线相同仪器工作条件进行测定。

五、数据处理

水体中汞、砷、硒、铋、锑含量C(mg/L)按下列公式计算:

$$C=\frac{m}{V}$$

式中,m为标准曲线上得到的元素含量,单位为μg;

V为分析水样体积,单位为mL。

六、注意事项

实验所用的玻璃器皿均需用(1+1)硝酸溶液浸泡24小时后,依次用自来水、实验用水洗净。

实验十二 水中铜离子的测定:火焰原子吸收分光光度法

一、实验目的

① 掌握原子吸收分光光度计的工作原理和使用方法;
② 掌握用火焰原子吸收光谱法测定铜离子的原理和方法。

二、实验原理

原子吸收分光光度计是利用基态原子对特征波长光吸收这个原理的一种测量方法。通常,可采用空心阴极灯作为光源发射出某一元素特征波长的谱线,当此光束通过包含基态原子的样品时,光强度将被部分吸收,吸收的程度取决于原子的浓度,这样便可根据光的吸收程度来计算出样品的原子浓度(图3-1)。

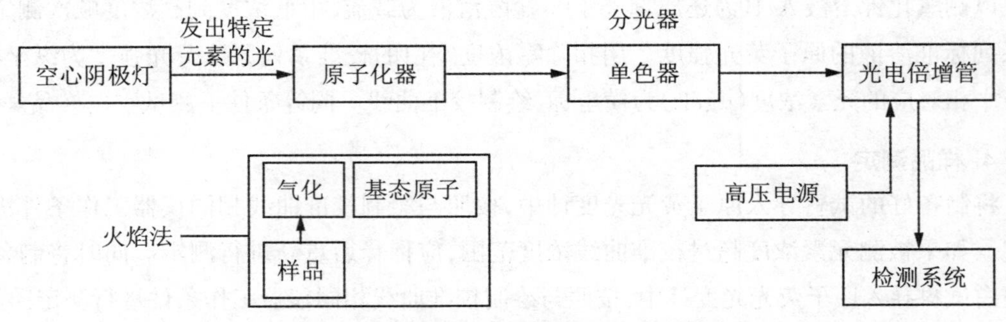

图3-1 火焰原子吸收分光光度法示意图

当光强度为I_0的光束通过被测元素原子浓度为c的介质时,光强度减弱至I,服从朗伯-比尔定律:

$$A = \lg\left(\frac{I_0}{I}\right) = Kc$$

铜是原子吸收光谱分析中经常和最容易测定的元素,在空气-乙炔火焰(贫焰)中进行,测定干扰很少。测定时以铜标准系列溶液的浓度为横坐标,以其对应的吸光度为纵坐标,绘制一条标准曲线，由相同的条件下测得的试样溶液的吸光度即可求出试样溶液中铜的浓度，进而可以计算试样中铜的含量。对于不同的样品可采用不同的预处理方法，如对于牛奶等含有机物的试样必须进行消化，废水试样一般可直接测定。

三、仪器和试剂

1. 仪器

火焰原子吸收分光光度计；铜空心阴极灯。

2. 试剂

（1）硝酸

优级纯。

（2）高氯酸

优级纯。

（3）铜标准溶液

① 铜标准贮备液（1 mg/mL）：准确称量0.3930 g硫酸铜（$CuSO_4 \cdot 5H_2O$）于100 mL烧杯中，加适量去离子水溶解，移入100 mL容量瓶中，加水稀释至刻度，摇匀，备用；

② 铜标准溶液（50 μg/mL）：移取铜标准贮备液5.00 mL于100 mL容量瓶中，加水稀释至刻度，摇匀，备用；

③ 铜标准系列溶液：分别移取铜标准溶液0 mL，0.50 mL，1.00 mL，2.00 mL，3.00 mL，4.00 mL，5.00 mL置于7只50 mL的容量瓶中，都用水稀释至刻度，摇匀。此标准系列铜浓度分别为0 μg/mL，0.50 μg/mL，1.00 μg/mL，2.00 μg/mL，3.00 μg/mL，4.00 μg/mL，5.00 μg/mL。

四、实验步骤

1. 样品预处理

取100 mL水样放入200 mL聚四氟乙烯烧杯中，加入5 mL硝酸，在电热板上加热消解（禁止沸腾）；蒸至剩余10 mL左右，加入5 mL硝酸和2 mL高氯酸继续消解至剩余1 mL左右，若消解不完全，继续加入5 mL硝酸和2 mL高氯酸，再次蒸至剩余1 mL左右；取下冷却加水溶解残渣，如仍有残渣需要过滤，用水定容至100 mL。

2. 测试吸光度

开启原子吸收分光光度计，按基础操作流程设置好测试条件。按照由稀至浓的顺序分别吸入铜标准系列溶液，记录其324.7 nm下的吸光度。待蒸馏水洗涤后吸入样品溶液，同样记录其324.7 nm下的吸光度。

五、数据处理

根据测得的标准系列溶液的吸光度绘制标准曲线，根据样品的吸光度从标准曲线上查出样品中铜的含量：

$$铜含量(mg/L)=\frac{m}{V}$$

式中，m为从标准曲线上查出的被测金属量，单位为μg；

V为分析用的水样体积，单位为mL。

六、注意事项

① 实验室严禁烟火，以防乙炔着火爆炸；

② 点燃火焰时，必须先开空气，后开乙炔；熄灭火焰时，则应先关乙炔，后关空气，防止发生回火、爆炸事故。

实验十三　工业废水中油类的测定：红外光度法

一、实验目的

① 学会测定废水中油类物质含量的方法；

② 掌握红外光度法的原理和测量方法。

二、实验原理

废水中含有的油类物质会阻碍植物的生长，并对水生生物产生毒害。油类物质在废水中可能会分解不完全，导致这些有害物质被直接排放到土壤中，严重污染土壤，对农作物产生负面影响，并可能通过食物链影响人体健康。工业废水中含有的油类物质，如有致癌性的多环芳烃、多氯联苯以及各种重金属超微粒子等，可能通过食物链进入人体，危害人体健康。

含油废水在pH<2的条件下用四氯乙烯萃取后可测定油类；将萃取液用硅酸镁吸附去除动植物油类等极性物质后，测定石油类。油类和石油类的含量均由波数分别为2930 cm^{-1}（CH_2基团中C—H键的伸缩振动）、2960 cm^{-1}（CH_3基团中C—H键的伸缩振动）和3030 cm^{-1}（芳香环中C—H键的伸缩振动）处的吸光度A_{2930}，A_{2960}和A_{3030}，根据校正系数进

行计算。

三、仪器和试剂

1. 仪器

DM-600型红外分光测油仪、分液漏斗、玻璃棉(使用前用四氯乙烯浸泡后晾干)、玻璃漏斗。

2. 试剂

(1) 去离子水

详略。

(2) 四氯乙烯(C_2Cl_4)

以干燥4 cm空石英比色皿为参比,在2800 cm^{-1}～3100 cm^{-1}之间使用4 cm石英比色皿测定四氯乙烯,在2930 cm^{-1},2960 cm^{-1},3030 cm^{-1}处的吸光度应分别不超过0.34,0.07,0。

(3) 无水硫酸钠(Na_2SO_4)

置于马弗炉内550 ℃下加热4 h,稍冷后装入磨口玻璃瓶中,置于干燥器内贮存。

(4) (1+1)盐酸溶液

详略。

(5) 正十六烷($C_{16}H_{34}$)

色谱纯。

(6) 异辛烷(C_8H_{18})

色谱纯。

(7) 苯(C_6H_6)

色谱纯。

(8) 石油类标准贮备液(ρ=10000 mg/L)

按体积比65∶25∶10的比例,量取正十六烷、异辛烷和苯配制混合物;称取1.0 g混合物于100 mL容量瓶中,用四氯乙烯定容,摇匀;0～4 ℃避光冷藏可保存1年。

(9) 石油类标准使用液(ρ=1000 mg/L)

将石油类标准贮备液用四氯乙烯稀释定容于100 mL容量瓶中。

四、实验步骤

1. 制样

将样品转移至1 000 mL分液漏斗中;量取50 mL的四氯乙烯洗涤样品瓶后,将其全部转移至分液漏斗中;充分振荡2 min,并经常开启旋塞排气,静置分层;用镊子取玻璃棉置于玻璃漏斗,取适量的无水硫酸钠铺于上面;打开分液漏斗旋塞,将下层有机相萃取液通过装有无水硫酸钠的玻璃漏斗放至50 mL比色管中,用适量四氯乙烯润洗玻璃漏斗,润洗液合并至萃取液中，用四氯乙烯定容至刻度；将上层水相全部转移至量筒，测量样品体积并记录。

将去离子水加入盐酸溶液酸化至pH<2，按照试样的制备相同的步骤进行空白试样的制备。

2. 校准

仪器出厂已设定校准系数，需要校准。取适量石油类标准使用液，以四氯乙烯为溶剂配制适当浓度的石油类标准溶液，将配制的石油类标准溶液移至4 cm石英比色皿中，以四氯乙烯作参比于2930 cm^{-1}，2960 cm^{-1}和3030 cm^{-1}处测量其吸光度A_{2930}，A_{2960}和A_{3030}，按照下列公式计算石油类标准溶液的浓度：

$$\rho = X\cdot A_{2930} + Y\cdot A_{2960} + Z\cdot\left(A_{3030} - \frac{A_{2930}}{F}\right)$$

式中，ρ为四氯乙烯中油类的含量，单位为mg/L；

X为与CH_2基团中C—H键吸光度相对应的系数，单位为mg/(L·吸光度)；

Y为与CH_3基团中C—H键吸光度相对应的系数，单位为mg/(L·吸光度)；

Z为与芳香环中C—H键吸光度相对应的系数，单位为mg/(L·吸光度)；

F为脂肪烃对芳香烃影响的校正因子，即正十六烷分别在2930 cm^{-1}与3030 cm^{-1}处的吸光度之比；

A_{2930}，A_{2960}，A_{3030}为各对应波数下测得的吸光度。

如果测定值与标准值的相对误差在$\pm 10\%$以内，则校正系数可采用，否则重新测定校正系数并检验，直至符合条件为止。

3. 测定

将萃取液转移至4 cm石英比色皿中，以四氯乙烯作参比，于2930 cm^{-1}，2960 cm^{-1}，3030 cm^{-1}处测量其吸光度A_{2930}，A_{2960}，A_{3030}。

同时在同等条件下测试空白样。

五、数据处理

$$\rho = \left[X\cdot A_{2930} + Y\cdot A_{2960} + Z\cdot\left(A_{3030} - \frac{A_{2930}}{F}\right)\right]\cdot\frac{V_0\cdot D}{V_w} - \rho_0$$

式中，ρ为样品中油类或石油类的浓度，单位为mg/L；

ρ_0为空白样品中油类或石油类的浓度，单位为mg/L；

X为与CH_2基团中C—H键吸光度相对应的系数，单位为mg/(L·吸光度)；

Y为与CH_3基团中C—H键吸光度相对应的系数，单位为mg/(L·吸光度)；

Z为与芳香环中C—H键吸光度相对应的系数，单位为mg/(L·吸光度)；

F为脂肪烃对芳香烃影响的校正因子，即正十六烷在2930 cm^{-1}与3030 cm^{-1}处的吸光度之比；

A_{2930}，A_{2960}，A_{3030}为各对应波数下测得的吸光度；

V_0为萃取溶剂的体积，单位为mL；
V_w为样品体积，单位为mL；
D为萃取液稀释倍数。

六、注意事项

① 每季度至少测定3个浓度点的标准溶液进行校正系数的检验；
② 所有使用完的器皿置于通风橱内挥发完后清洗。

第四章 大气污染监测实验

实验一 总悬浮颗粒物的测定

一、实验目的

① 掌握重量法测定大气中总悬浮颗粒物的方法；

② 掌握总悬浮颗粒物采样器的采样方法。

二、实验原理

大气中悬浮颗粒物(TSP)不仅是严重危害人体健康的主要污染物，而且也是气态、液态污染物的载体，其成分较为复杂，并具有特殊的理化特性及生物活性，是大气污染监测重要项目之一。

重量法测定总悬浮颗粒物是基于重力原理制定的，此方法为《中华人民共和国国家生态环境标准方法》(HJ 1263—2022)。其方法原理为通过具有一定切割特性的采样器，以恒速抽取定量体积的空气，使环境空气中的总悬浮颗粒物被截留在已知质量的滤膜上，根据采样前后滤膜的质量差和采样体积，计算总悬浮颗粒物的浓度。

三、实验仪器和试剂

1. 滤膜

(1) 材质

根据样品采集目的可选用玻璃纤维滤膜、石英滤膜等无机滤膜或聚四氟乙烯、聚氯乙烯、聚丙乙烯、混合纤维等有机滤膜。

(2) 尺寸

200 mm×250 mm的方形滤膜或直径90 mm的圆形滤膜。

(3) 滤膜阻力

在气流速度为0.45 m/s时，单张滤膜阻力不大于3.5 kPa。

(4) 捕集效率

对于直径为0.3 μm的标准粒子,滤膜的捕集效率不低于99%。

(5) 滤膜失重

在气流速度为0.45 m/s时,抽取经高效过滤器净化的空气5 h,滤膜失重不大于0.012 mg/cm^2。

2. 总悬浮颗粒物采样器

中流量采样器。

3. 分析天平

用于对滤膜进行称量,天平的实际分度值不超过0.0001 g。

4. 恒温恒湿称量室或装置

设备(室)内空气温度控制在15~30 ℃任意一点,控温精度±1 ℃,湿度应控制在(50%±5%)RH 范围内;恒温恒湿设备(室)可连续工作。

四、实验步骤

1. 样品采集前的准备

(1) 滤膜检查

滤膜质量称量前,应对每片滤膜进行检查。滤膜应边缘平整,表面无毛刺、无针孔、无松散杂质,且没有折痕、受到污染或任何破损,检查合格的滤膜方能用于采样。

(2) 采集前滤膜称重

将滤膜放在恒温恒湿设备(室)中平衡至少 24 h 后称量。平衡条件为:温度取15~30 ℃中 任何一点(一般设置为20 ℃),湿度控制在(50%±5%)RH 范围内。记录恒温恒湿设备(室)的平衡温度与湿度。

(3) 滤膜称重

滤膜平衡后用分析天平对滤膜质量进行称量,每张滤膜称量两次,两次称量间隔至少1 h。当天平实际分度值为0.0001 g时,两次质量之差小于1 mg;当天平实际分度值为0.00001 g时,两次质量之差小于0.1 mg;以两次称量结果的平均值作为滤膜称量值。当两次称量之差超出上述范围时,可将相应滤膜再平衡至少24 h后重新称量两次,若两次称量偏差仍超过以上范围,则该滤膜作废。记录滤膜的质量和编号等信息。

滤膜称量后,将滤膜平放至滤膜盒中,不得将滤膜弯曲或折叠,待采样。

2. 样品采集

(1) 采集点的布设

采样点周围应该无高大建筑或树木等障碍物阻碍空气流动,采样口高度距离地面1.5 m,当多台采样器同时采样时,采样器相互之间的距离要略大于1 m。

(2) 安装滤膜

打开采样头,取出滤膜夹,用清洁无绒干布擦去采样头内及滤膜夹的灰尘。

将经过检查和称重的滤膜放入洁净采样夹内的滤网上,滤膜毛面应朝向进气方向,将滤膜牢固压紧至不漏气。

(3) 设置采样

安装好采样头,设置采样流量为100 L/min,采样时间设置为24 h。

采样结束后,打开采样头,取出滤膜,将滤膜尘面朝上,平放入滤膜盒中。

3. 总悬浮颗粒物测定

滤膜采集后,对每片滤膜进行复查,不合格的样品作废处理。在恒温恒湿设备(室)中及时称重并做好相应记录。

五、数据处理

环境空气中总悬浮颗粒物的浓度按照以下公式进行计算:

$$\rho(\mathrm{mg/m^3})=\frac{W_2-W_1}{Q\times T}\times 1\,000$$

式中,P为总悬浮颗粒物的浓度,单位为$\mathrm{mg/m^3}$;

W_1为采样前滤膜的质量,单位为mg;

W_2为采样后滤膜的质量,单位为mg;

Q为标准状态下的采样流量,单位为L/min;

Y为采样时间,单位为min。

六、注意事项

① 计算结果保留到整数位;

② 采样器应在使用前进行校准;

③ 应确保采样过程没有漏气,当滤膜安放正确,采样系统无漏气时,采样后滤膜上颗粒物与四周白边之间界限应清晰,如出现界限模糊,应及时更换滤膜密封垫;

④ 滤膜称量时,分析天平的工作条件应与恒温恒湿设备(室)的环境条件保持一致,采样前后,滤膜称量应尽量使用同一台分析天平。

实验二　大气中氮氧化物的测定

一、实验目的

① 了解大气中氮氧化物的影响；
② 掌握氮氧化物测定的基本原理和方法。

二、实验原理

城市作为人类聚集的地方，其大气中氮氧化物（NO_x）主要包括一氧化氮和二氧化氮，有的来自天然过程，如生物源、闪电均可产生NO_x，有的来自人类活动。人为源的NO_x绝大部分来自化石燃料的燃烧过程，包括汽车及一切内燃机所排放的尾气，也有一部分来自生产和使用硝酸的化工厂、钢铁厂、金属冶炼厂等排放的废气，其中以工业窑炉、氮肥生产和汽车排放的NO_x量最多。城市大气中2/3的NO_x来自汽车尾气等的排放，交通干线空气中NO_x的浓度与汽车流量密切相关，而汽车流量往往随时间而变化，因此，交通干线空气中NO_x的浓度也随时间而变化。

NO_x对呼吸道和呼吸器官有刺激作用，是导致支气管哮喘等呼吸道疾病不断增加的原因之一。二氧化氮、二氧化硫、悬浮颗粒物共存时，对人体健康的危害不仅比单独NO_x严重得多，而且大于各污染物单独的影响之和，即会产生协同作用。大气中的NO_x能与有机物发生光化学反应，产生光化学烟雾；NO_x能转化成硝酸和硝酸盐，通过降水对水和土壤环境等造成危害，流程如下：

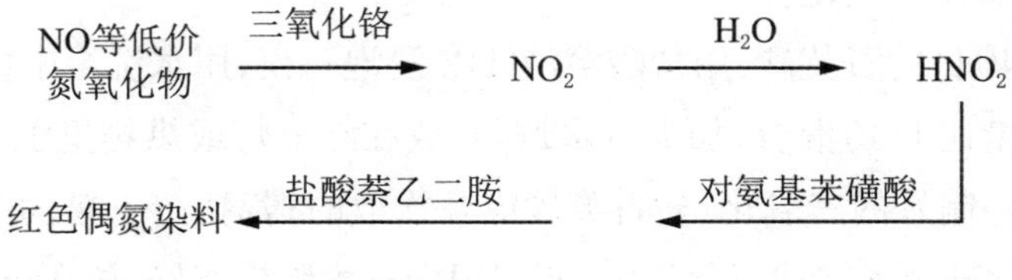

NO等低价氮氧化物 —三氧化铬→ NO_2 —H_2O→ HNO_2 —对氨基苯磺酸→ —盐酸萘乙二胺→ 红色偶氮染料

最后，用比色法测定。

主要反应方程式为

$$2NO_2 + H_2O \longrightarrow HNO_3 + HNO_2 \longrightarrow$$

$$HO_3S-C_6H_4-NH_2 + HNO_2 + CH_3COOH \longrightarrow HO_3S-C_6H_4-N(\equiv N)OCOCH_3 + 2H_2O$$

$$HO_3S-C_6H_4-N(\equiv N)-OCOCH_3 + C_{10}H_7-NHCH_2CH_2NH_2\cdot 2HCl \longrightarrow$$

$$HO_3S-C_6H_4-N{=}N-C_{10}H_6-NHCH_2CH_2NH_2\cdot 2HCl + CH_3COOH$$

玫瑰红色

三、仪器与试剂

1. 仪器

大气采样器:流量范围0. 0~1. 0 L/min;分光光度计;棕色多孔玻板吸收管;双球玻璃管(装氧化剂);干管;比色管:10 mL;移液管:1 mL。

2. 试剂

(1) 吸收液

称取5.0 g对氨基苯磺酸于烧杯中;将50 mL冰醋酸与900 mL水的混合液,分数次加入烧杯中,搅拌,溶解,并迅速转入1000 mL容量瓶中;待对氨基苯磺酸完全溶解后,加入0.050 g盐酸萘乙二胺,溶解后,用水定容至刻度。此为吸收原液,贮于棕色瓶中,低温避光保存。采样液由4份吸收原液和1份水混合配制。

(2) 三氧化铬-石英砂氧化管

取约20 g 20~40目的石英砂,用盐酸溶液(1:2)浸泡一夜,用水洗至中性,烘干。把三氧化铬及石英砂按质量比1:40混合,加少量水调匀,放在红外灯或烘箱里于105 ℃烘干,烘干过程中应搅拌几次。制好的三氧化铬-石英砂应是松散的;若黏在一起,可适当增加一些石英砂重新制备。将此砂装入双球氧化管中,两端用少量脱脂棉塞好,放在干燥器中保存。使用时氧化管与吸收管之间用一小段乳胶管连接。

(3) 亚硝酸钠标准溶液

准确称取0.1500 g亚硝酸钠(预先在干燥器内放置24 h)溶于水,移入1000 mL容量瓶中,用水稀释至刻度,即配得100 μg/mL亚硝酸根溶液,将其贮于棕色瓶,在冰箱中保存可稳定3个月。使用时,吸取上述溶液25.00 mL于500 mL容量瓶中,用水稀释至刻度,即配得5 μg/mL亚硝酸根工作液。

所有试剂均需用不含亚硝酸盐的重蒸水或电导水配制。

四、实验步骤

（一）氮氧化物的采集

用一个内装5 mL采样液用于吸收的多孔玻板吸收管，接上氧化管，并使管口微向下倾斜，朝上风向，避免潮湿空气将氧化管弄湿而污染吸收液，如图4-1所示。以每分钟0.3 L的流量抽取空气30～40 min。采样高度为1.5 m，如需采集交通干线空气中的氮氧化物，应将采样点设在人行道上，距马路1.5 m，同时统计汽车流量。若氮氧化物含量很低，可增加采样量，采样至吸收液呈浅玫瑰红色为止。记录采样时间和地点，根据采样时间和流量，算出采样体积。

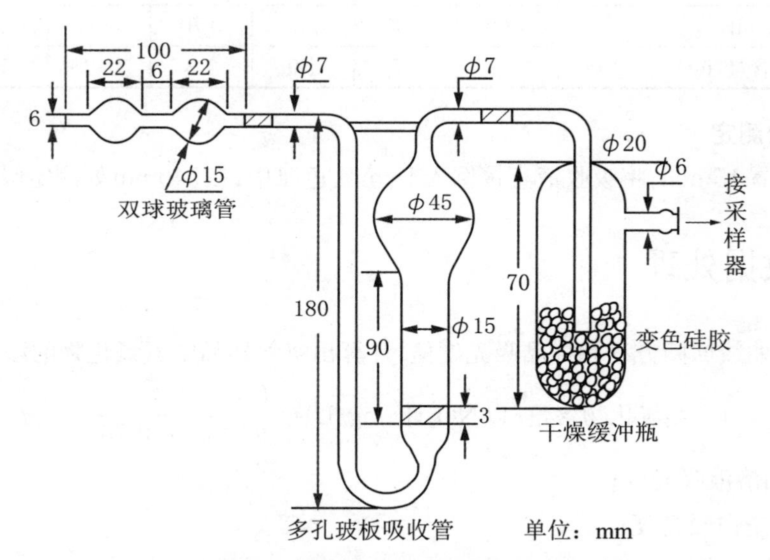

图4-1 氮氧化物采样装置的连接图

（二）氮氧化物的测定

1. 标准曲线的绘制

取7支10 mL比色管，按表4-1所示配制标准溶液系列。

将各管摇匀，避免阳光直射，放置15 min，以蒸馏水为参比，用1 cm比色皿，在540 nm波长处测定吸光度。根据吸光度与浓度的对应关系，用最小二乘法计算标准曲线的回归方程式：

$$y = bx + a$$

式中，y为$(A-A_0)$，即标准溶液吸光度(A)与试剂空白吸光度(A_0)之差；

x为NO_2^-含量，单位为μg；

a、b为回归方程式的截距和斜率。

$$\rho NO_x = \frac{(A - A_0) - a}{b \times V \times 0.76}$$

式中，ρNO_x为氮氧化物浓度，单位为mg/m^3；

A为样品溶液吸光度；

A_0，a，b表示的意义同上；

V为标准状态下(25 ℃,760 mmHg)的采样体积，单位为L；

0.76为NO_2(气)转换成NO_2^-(液)的转换系数。

表4-1 标准溶液系列

编 号	0	1	2	3	4	5	6
5 μg/mLNO_2^-标准溶液(mL)	0.00	0.10	0.20	0.30	0.40	0.50	0.60
吸收原液(mL)	4.00	4.00	4.00	4.00	4.00	4.00	4.00
水(mL)	1.00	0.90	0.80	0.70	0.60	0.50	0.40
NO_2^-含量(μg)	0	0.5	1.0	1.5	2.0	2.5	3.0

2. 样品的测定

采样后放置15 min，将吸收液直接倒入1 cm比色皿中，在540 nm处测定吸光度。

五、数据处理

根据标准曲线回归方程和样品吸光度值，计算出空气样品中氮氧化物的浓度。

$$\text{氮氧化物含量(以}NO_2\text{计,mg/L)} = \frac{(A - A_0) - \alpha}{b \times V_n \times 0.76}$$

式中，A为样品溶液吸光度；

A_0为试剂空白吸光度；

α为回归方程式的斜率；

b为回归方程式的截距；

V_n为标准状态下的采样体积，单位为L；

0.76为NO_2转化为NO_2^-的系数。

六、注意事项

① 本方法检出限为0.05 μg/5 mL，当采样体积为6 L时，氮氧化物的最低检出浓度为0.01 mg/m^3；

② 吸收液应避光及不能长时间暴露在空气中，以防止光照使吸收液显色影响测定结果；

③ 吸收液若受到三氧化铬污染，溶液呈黄棕色，则该样品作废。

实验三　大气中苯系物的测定:气相色谱法

一、实验目的

① 掌握气相色谱法的分离和测定原理;
② 了解气相色谱仪的结构与工作原理。

二、实验原理

大气苯系物包括苯、甲苯、二甲苯等物质。这些物质都是无色、具有芳香气味的物质,易燃,易溶于有机溶剂,在空气中以蒸气形式存在。

苯系物在工业中被广泛应用,比如作为溶剂和涂料原料,它们在装修、化学、塑胶、纤维等领域中起到重要的作用。然而,这些化合物对人体和动物是有毒的,长期接触低含量的苯系物可能会导致血液伤害,引发慢性中毒、神经衰弱、白血病等问题,甚至被世界卫生组织确定为强烈致癌物质。

气相色谱法以气体作为流动相,当气体携带欲分离的混合物经固定相时,由于混合物中各组分的分配系数不同,与固定相作用的程度也有所不同,经过多次的分配之后,各组分在固定相中的滞留时间有长有短,从而使各组分依次先后流出色谱柱而得到分离。

应用气相色谱法分析苯系物,可以同时测定,灵敏度高。采用活性炭吸附管富集空气中的苯、甲苯、乙苯、二甲苯,用二硫化碳解吸后,进气相色谱仪进行定性、定量分析。

三、仪器和试剂

1. 仪器

气相色谱仪(氢焰离子化检测器)、空气采样器、活性炭吸附管(长10 cm,内装20~50目粒状活性炭0.5 g,分A、B两段,中间用玻璃棉隔开)。

2. 试剂

(1) 二硫化碳

分析纯,使用前必须纯化,并经色谱检验无干扰峰。

(2) 标准化合物储备液

苯、甲苯、乙苯、二甲苯均为色谱纯,用二硫化碳配制成5~10 μg/mL。

四、实验步骤

1. 大气样品采集

用乳胶管将活性炭吸附管B端与空气采样器连接，并垂直放置，以0.5 L/min流量采集气体10 L，取下采样管后两端用乳胶管密封。

2. 苯系化合物系列标准液

标准化合物储备液再分别用二硫化碳配制成含苯、甲苯浓度为2 ng/μL，4 ng/μL，6 ng/μL，8 ng/μL，10 ng/μL，含乙苯、对二甲苯、邻二甲苯、间二甲苯浓度为4 ng/μL，8 ng/μL，12 ng/μL，16 ng/μL，20 ng/μL的系列标准液；取标准液2.00 mL放入5 mL的容量瓶中，加入0.25 g活性炭，振荡2 min，再放置20 min后，取2.00～5.00 μL，进样分析。

3. 仪器参数设置

① 色谱柱：PEG-6000，长3 m，内径4 mm的不锈钢柱；

② 温度：柱温90 ℃；

③ 检测器：150 ℃；

④ 汽化室：200℃；

⑤ 气体流速：氮气25 mL/min；

⑥ 空气：300 mL/min；

⑦ 氢气：30 mL/min。

4. 样品萃取

将采样管A，B两段的活性炭，分别移入2只5 mL的容量瓶中，加入2.00 mL的二硫化碳，振摇2 min，再放置20 min后，取2.00～5.00 μL，进样分析。

5. 进样测试

自动进样2 μL标准系列液，分别测定苯、甲苯、乙苯，对二甲苯，间二甲苯、邻二甲苯的峰高（或峰面积）值，记录保留时间；再自动进样2 μL萃取的试样，测量其峰高值及保留时间。

五、数据处理

以保留时间定性峰高（或峰面积）定量，峰高值对浓度绘制各组分的标准曲线，再从标准曲线上读取对应样品峰高值的含量值，按下列公式计算：

$$C_i = \frac{W_1 + W_2}{V_n}$$

式中，C_i为样品中i组分的含量，单位为mg/m^3；

W_1为A段活性炭解吸液中该组分含量，单位为μg；

W_2为B段活性炭解吸液中该组分含量,单位为μg;
V_n为标准状况下的采样体积,单位为L。

六、注意事项

取样和进样量必须准确,自动进样器要经常清洗防止堵塞。

第五章　土壤和固体样品监测实验

实验一　土壤中铜、锌、铅、镍、铬的测定：火焰原子吸收分光光度法

一、实验目的

① 掌握土壤样品的消解方法；
② 掌握原子吸收分光光度计的使用方法。

二、实验原理

火焰原子吸收分光光度法是根据元素的基态原子对该元素的特征谱线产生选择性吸收来进行测定的分析方法。将试样充分雾化后喷入火焰，锌元素的化合物在火焰中形成原子蒸气，由锌空心阴极灯发射的特征谱线(213.9 nm)光辐射通过原子蒸气层时，锌元素的基态原子对特征谱线产生选择性吸收。铜、铅、镍和铬元素应采用相应的空心阴极灯发射特征谱线，试样中的铜、铅、镍和铬元素对特征谱线产生选择性吸收。在一定条件下，特征谱线光强的变化与试样中被测元素的浓度成比例。通过对自由基态原子对选用吸收线吸光度的测量，确定试样中该元素的浓度。

火焰原子吸收分光光度法测定土壤中的金属元素往往会受到其他杂质的干扰，特别是有机组分的影响较大，湿法消解是使用具有强氧化性酸(如HNO_3，H_2SO_4，$HClO_4$等)与有机化合物溶液加热煮沸，使有机化合物分解除去。本实验采用硝酸-盐酸混合酸体系进行土壤样品的湿式消解。

三、仪器和试剂

1. 仪器

火焰原子吸收分光光度计；锐线光源：铜空心阴极灯、锌空心阴极灯、铅空心阴极灯、镍空心阴极灯、铬空心阴极灯；电热消解装置：温控电热板或石墨电热消解仪，温控精度±2 ℃。

2. 试剂

(1) 盐酸

优级纯。

(2) 硝酸

优级纯。

(3) 高氯酸

分析纯。

(4) 金属铜

光谱纯。

(5) 金属锌

光谱纯。

(6) 金属铅

光谱纯。

(7) 金属镍

光谱纯。

(8) 金属铬

光谱纯。

(9) (1+1)硝酸溶液

详略。

(10) (1+1)盐酸溶液

详略。

(11) 铜标准贮备液(ρ_{Cu}=1000 mg/L)

称取1 g(精确到0.1 mg)金属铜,用30 mL(1+1)硝酸溶液加热溶解,冷却后用水定容至1 L;贮存于聚乙烯瓶中,4 ℃以下冷藏保存,有效期2年。

(12) 锌标准贮备液(ρ_{Zn}=1000 mg/L)

称取1 g (精确到0.1 mg)金属锌,用40 mL盐酸加热溶解,冷却后用水定容至1 L;贮存于聚乙烯瓶中,4 ℃以下冷藏保存,有效期2年。

(13) 铅标准贮备液(ρ_{Pb}=1000 mg/L)

称取1 g (精确到0.1 mg)金属铅,用30 mL(1+1)硝酸溶液加热溶解,冷却后用水定容至1 L;贮存于聚乙烯瓶中,4 ℃以下冷藏保存,有效期2年。

(14) 镍标准贮备液(ρ_{Ni}=1000 mg/L)

称取1 g (精确到0.1 mg)金属镍,用30 mL(1+1)硝酸溶液加热溶解,冷却后用水定容至1 L;贮存于聚乙烯瓶中,4℃以下冷藏保存,有效期2年。

(15) 铬标准贮备液(ρ_{Cr}=1000 mg/L)

称取1 g(精确到0.1 mg)金属铬,用30 mL(1+1)盐酸溶液加热溶解,冷却后用水定容至1 L;贮存于聚乙烯瓶中,4 ℃以下冷藏保存,有效期2年。

(16) 铜标准使用液(ρ_{Cu}=100 mg/L)

准确移取铜标准贮备液10.00 mL 于100 mL容量瓶中,用(1+1)硝酸溶液定容至标线,摇匀;贮存于聚乙烯瓶中,4 ℃以下冷藏保存,有效期1年。

(17) 锌标准使用液(ρ_{Zn}=100 mg/L)

准确移取锌标准贮备液10.00 mL 于100 mL容量瓶中,用(1+1)硝酸溶液定容至标线,摇匀;贮存于聚乙烯瓶中,4 ℃以下冷藏保存,有效期1年。

(18) 铅标准使用液(ρ_{Pb}=100 mg/L)

准确移取铅标准贮备液10.00 mL 于100 mL容量瓶中,用(1+1)硝酸溶液定容至标线,摇匀;贮存于聚乙烯瓶中,4 ℃以下冷藏保存,有效期1年。

(19) 镍标准使用液(ρ_{Ni}=100 mg/L)

准确移取镍标准贮备液10.00 mL 于100 mL容量瓶中,用(1+1)硝酸溶液定容至标线,摇匀;贮存于聚乙烯瓶中,4 ℃以下冷藏保存,有效期1年。

(20) 铬标准使用液(ρ_{Cr}=100 mg/L)

准确移取铬标准贮备液10.00 mL 于100 mL容量瓶中,用(1+1)硝酸溶液定容至标线,摇匀;贮存于聚乙烯瓶中,4 ℃以下冷藏保存,有效期1年。

四、实验步骤

1. 土壤样品的消解

准确称取2份1.000 g土样于100 mL聚四氟乙烯烧杯中,用少量去离子水润湿,缓慢加入5 mL王水(硝酸:盐酸体积比=1:3),盖上表面皿;同时做1份试剂空白,把烧杯放在通风橱内的电炉上加热,慢慢提高温度,并保持微沸状态,使其充分分解,注意消解温度不宜过高,以防样品外溅;当激烈反应完毕,大部分有机物分解后,取下烧杯冷却,沿烧杯壁加入2~4 mL高氯酸,继续加热分解直至冒白烟,样品变为灰白色;打开表面皿释放过量的高氯酸,把样品蒸至近干,取下冷却,加入5 mL的(1+1)硝酸溶液加热;冷却后用中速定量滤纸过滤到25 mL容量瓶中,滤渣用(1+1)硝酸溶液洗涤,最后定容,摇匀待测。同时以不加土样按照上述相同方法制备空白样品。

2. 设置测量参数

按照表5-1设置火焰原子吸收分光光度计参数。

表5-1　火焰原子吸收分光光度计参数设置

元　素	铜	锌	铅	镍	铬
光源	锐线光源(铜空心阴极灯)	锐线光源(锌空心阴极灯)	锐线光源(铅空心阴极灯)	锐线光源(镍空心阴极灯)	锐线光源(铬空心阴极灯)
灯电流(mA)	5.0	5.0	8.0	4.0	9.0
测定波长(nm)	324.7	213.0	283.3	232.0	357.9
通带宽度(nm)	0.5	1.0	0.5	0.2	0.2

续表

元　素	铜	锌	铅	镍	铬
火焰类型	中性	中性	中性	中性	还原性

注:测定铬时,应调节燃烧器高度,使光斑通过火焰的亮蓝色部分。

3. 标准曲线制备

取100 mL容量瓶,按表5-2所示用(1+1)硝酸溶液分别稀释各元素标准使用液,配制成标准系列(表5-2)。

按照仪器测量条件,用标准曲线零浓度点调节仪器零点,由低浓度到高浓度依次测定标准系列的吸光度,以各元素的标准系列质量浓度为横坐标,相应的吸光度为纵坐标,建立标准曲线。

表5-2　各元素的标准系列

单位:mg/L

元素	标准系列					
铜	0.00	0.10	0.50	1.00	3.00	5.00
锌	0.00	0.10	0.20	0.30	0.50	0.80
铅	0.00	0.50	1.00	5.00	8.00	10.00
镍	0.00	0.10	0.50	1.00	3.00	5.00
铬	0.00	0.10	0.50	1.00	3.00	5.00

4. 样品测定

将消解后的样品和空白样品在与标准系列相同的仪器条件下测定吸光度。

五、数据处理

$$土壤中铜、锌、铅、镍、铬生的含量(mg/kg)=\frac{(C_i-C_0)\times V}{m}$$

式中,C_i为样品中各元素在标准曲线上得到的相应浓度,单位为mg/L;

C_0为空白样品在标准曲线上得到的相应浓度,单位为mg/L;

V为消解后定容的体积,单位为mL;

m为土壤样品干质量,单位为g。

六、注意事项

① 土壤消解终点应为灰白色,如未达到则应补加少量高氯酸,继续消解;

② 必须严格按照先硝酸消解,再加高氯酸消解的顺序,防止高氯酸遇到大量有机物后形成易爆炸的高氯酸酯。

实验二 农田土壤中残留农药的测定:气相色谱法

一、实验目的

① 了解从土样中提取残留六六六农药的方法;
② 掌握气相色谱法的定性、定量方法;
③ 熟悉气相色谱仪的结构及操作技术。

二、实验原理

六六六属于有机氯农药,是一种毒性大、残留时间长、不易降解的化学物质,对环境和人体健康都有很大的危害,其对于神经系统,可能导致头痛和头晕等不适感,同时伴有肌肉和四肢不自主地抽搐或颤抖,站立不稳,运动失调,意识迟钝,甚至出现昏迷的状况;严重时,可能会因呼吸中枢抑制而引发呼吸衰竭;对于呼吸及循环系统,可能引发咽、喉、鼻黏膜因吸入农药而充血以及喉部有异物感,吐出带血丝泡沫痰、呼吸困难、肺部水肿、脸色苍白、血压下降、体温上升、心律不齐、心动过速甚至心室颤动等症状。在许多国家,包括我国,已经禁止使用六六六。

六六六农药有8种顺、反异构体,它们的物理化学性质稳定,不易分解,且具有水溶性低、脂溶性高、在有机溶剂中分配系数大的特点。因此,本实验采用有机溶剂提取,浓硫酸纯化以消除或减少对分析的干扰,然后用电子捕获检测器进行检测。

三、仪器和试剂

1. 仪器

气相色谱仪(电子捕获检测器)、脱脂棉(石油醚回流干燥备用)、滤纸筒(石油醚回流干燥备用)、脂肪提取器。

2. 试剂

(1) 去离子水

详略。

(2) 丙酮

色谱纯,重蒸馏,色谱进样无干扰峰。

(3) 石油醚

色谱纯,重蒸馏,色谱进样无干扰峰。

(4) 无水硫酸钠

详略。

(5) 2% 硫酸钠溶液

详略。

(6) 30~80目硅藻土

详略。

(7) α-六六六、β-六六六、γ-六六六、δ-六六六标准贮备液

将色谱纯α六六六、β-六六六、γ-六六六、δ-六六六用石油醚配制成200 mg/L的贮备液。

(8) α-六六六、β-六六六、γ-六六六、δ-六六六标准使用液

使用石油醚依次将α-六六六、β-六六六、γ-六六六、δ-六六六贮备液配制成适当浓度的标准使用液。

四、实验步骤

1. 样品提取

称取经风干过60目筛的土壤20.00 g(另取10.00 g测定水分含量)置于小烧杯中,加2 mL水、4 g硅藻土,充分混合后,全部移入滤纸筒内,盖上滤纸,移入脂肪提取器中;加入80 mL石油醚-丙酮混合溶液(1:1)浸泡12 h后,加热回流提取4 h;回流结束后,使脂肪提取器上部有集聚的溶剂;待冷却后将提取液移入500 mL分液漏斗中,用脂肪提取器上部溶液,分3次冲洗提取器烧瓶,将洗涤液并入分液漏斗中;向分液漏斗中加入300 mL 2%硫酸钠水溶液,振摇2 min,静止分层后,弃去下层丙酮水溶液,上层石油醚提取液供纯化用。

2. 纯化

在盛有石油醚提取液的分液漏斗中,加入6 mL浓硫酸,开始轻轻振摇,并不断将分液漏斗中因受热释放的气体放出。以防压力太大引起爆炸,然后剧烈振摇1 min。静止分层后弃去下部硫酸层。用硫酸纯化的次数,视提取液中杂质多少而定,一般为1~3次。然后加入100 mL 2%硫酸钠水溶液,振摇洗去石油醚中残存的硫酸。静置分层后,弃去下部水相。上层石油醚提取液通过铺有1 cm厚的无水硫酸钠层的漏斗(漏斗下部用脱脂棉支撑无水硫酸钠),脱水后的石油醚收集于50 mL容量瓶中,无水硫酸钠层用少量石油醚洗涤2~3次。洗涤液也收集于上述容量瓶中,加石油醚稀释至标线,供色谱测定。

3. 仪器参数设置

(1) 色谱柱

毛细管柱,长30 cm。

(2) 柱箱温度

初始温度为60 ℃,以20 ℃/min升温速率升至180 ℃,再以10 ℃/min升温速率升至240 ℃。

(3) 汽化室温度

250 ℃。

(4) 检测器温度

300 ℃。

(5) 载气

氮气。

(6) 流速

1.8 mL/min。

4. 样品测试

自动进样器定量注入各六六六标准使用液各2次;记录进样量、保留时间及峰高或面积,计算时用平均值;再用同样的方法对样品进行进样分析。

五、数据处理

$$C_{样}=\frac{H_{样}\times C_{标}\times Q_{标}}{H_{标}\times Q_{样}\times R\times K}$$

式中,$C_{样}$为样品中六六六的含量,单位为μg/kg;

$H_{样}$为样品中相应峰高,单位为mm;

$H_{标}$为标准溶液峰高,单位为mm;

$C_{标}$为标准溶液浓度,单位为μg/L;

$Q_{标}$为标准溶液进样量,单位为5 μL;

$Q_{样}$为样品溶液进样量,单位为5 μL;

R为相应化合物的添加回收率,以百分比表示;

K为样品提取液的体积相当于样品的质量,单位为kg/L,计算公式为

$$K=\frac{20.00\times(1-\text{土壤中水分质量分数})}{50}$$

六、注意事项

① 每次进样后,注射器一定要用石油醚洗净,避免样品互相污染,影响测定结果;

② 纯化时出现乳化现象可采用过滤、离心或反复滴液的方法解决;

③ 配制β-六六六标准溶液时,先用少量苯溶解。

实验三　土壤中汞的测定:冷原子吸收法

一、实验目的

① 了解冷原子吸收法测定汞的原理;
② 掌握冷原子吸收测汞仪的使用方法;
③ 学会用冷原子吸收法测汞的操作技术。

二、实验原理

汞及其化合物属于剧毒物质,可在人体内蓄积。自然界中天然环境下汞的含量极少。未受到污染的土壤和底质中汞含量极微,而受到污染的土壤和底质含汞量有高达每千克数十毫克的。汞多以HgS、HgO及有机汞形式存在于土壤中。

冷原子吸收法测定微量汞的干扰因素少、灵敏度较高,其原理是汞蒸气对波长为253.7 nm的紫外光的有选择性的吸收,在一定浓度范围内吸光度与汞浓度成正比。土壤样品经适当的预处理后,可将其中的汞转变为汞离子,再用氯化亚锡将汞离子还原成元素汞,以氮气或干燥清洁空气作为载气将汞吹出,进行原子吸收测定。

三、仪器和试剂

1. 仪器

冷原子吸收测汞仪、汞还原瓶。

2. 试剂

(1) 浓硫酸

分析纯。

(2) 10%盐酸羟胺

10 g盐酸羟胺溶于100 mL去离子水。

(3) 5% $KMnO_4$

5 g $KMnO_4$溶于100 mL去离子水。

(4) 20%氯化亚锡

20 g氯化亚锡溶于10 mL浓硫酸中,加水定容至100 mL。

(5) 汞标准溶液

准确称取干燥氯化汞0.1354 g,用5%HNO_3-0.05%$K_2Cr_2O_7$溶解后,移入1000 mL容量

瓶中，用5%HNO_3-0.05%$K_2Cr_2O_7$溶液稀释至标线后摇匀，此溶液每毫升含汞100 μg，用5%HNO_3-0.05%$K_2Cr_2O_7$逐级稀释至汞浓度为0.1 μg/mL。

四、实验步骤

1. 制作标准曲线

在汞还原瓶中分别加入0.1 μg/mL汞标准溶液0 mL，1 mL，2 mL，4 mL，6 mL，8 mL，得到的标准系列分别含汞0 μg，0.1 μg，0.2 μg，0.4 μg，0.6 μg，0.8 μg，加蒸馏水至体积为10 mL，用注射器迅速加入1 mL 20%氯化亚锡，立即盖紧。右手按紧还原瓶盖，左手捏紧进气口附近的胶管，摇动30 s后，接入气路，左手同时松开胶管。记下峰值读数。继续抽气排出体系中的汞蒸气使读数回到零点。每个浓度点测3次，取平均值，以汞含量为横坐标、峰值读数为纵坐标绘制标准曲线。

2. 土壤样品预处理

准确称取2份土壤样品，每份2 g左右，分别置于100 mL锥形瓶中，同时做空白实验。用少量蒸馏水湿润后，加1∶1硫酸5 mL，5%高锰酸钾10 mL，摇匀后，置沸水浴上消解1 h。消解过程中经常摇动并滴加高锰酸钾溶液保持消解液为紫色。

3. 样品测定

样品消解冷却后，滴加盐酸羟胺至紫红色刚褪。移入50 mL容量瓶中，用蒸馏水稀释至标线并摇匀，取上层清液5 mL，按上述绘制标准曲线步骤测定，测3次取平均值。

五、数据处理

$$\text{土壤样品中Hg的含量(mg/kg)} = \frac{M \times V_{\text{总}}}{V \times m}$$

式中，M为标准曲线上查得的Hg的质量，单位为μg；

$V_{\text{总}}$为试样定容体积，单位为mL；

V为测定取样体积，单位为mL；

m为试样质量，单位为g。

六、注意事项

① 若样品中汞含量太低，可增大试样量，但各种试剂应按比例增加；

② 用盐酸羟胺还原高锰酸钾时，要逐滴加入，充分摇动，以免过量太多，并在褪色后尽快测定。

实验四　土壤中半挥发性有机物的测定:GC-MS法

一、实验目的

① 了解GC-MS测定土壤中半挥发性有机物的方法和原理;
② 掌握GC-MS的使用方法。

二、实验原理

半挥发性有机物(SVOCs)一般指挥发性较弱,不溶于水,易溶于有机溶剂,沸点在170～350 ℃之间的一大类化合物。相比挥发性有机物(VOCs),半挥发性有机污染物(SVOCs),更难降解,存在时间更长。这类化合物大多数呈油状液体,易持久存在于土壤等环境中,能远距离传输,最主要的是具有一定的毒性和生物蓄积作用。半挥发性有机物主要包括二噁英类、多环芳烃、有机农药类、氯代苯类、多氯联苯类、吡啶类、喹啉类、硝基苯类、邻苯二甲酸酯类、亚硝基胺类、苯胺类、苯酚类、多氯萘类和多溴联苯类等化合物。

GC-MS测定土壤中半挥发性有机物标准为《中华人民共和国国家环境保护标准方法》(HJ 834—2017),其原理为土壤中半挥发性有机物采用适合的萃取方法(索氏提取、加压流体萃取等)提取,根据样品基体干扰情况选择合适的净化方法(凝胶渗透色谱或柱净化)对提取液净化、浓缩、定容,经气相色谱分离、质谱检测。根据保留时间、碎片离子质荷比及其丰度定性,内标法定量。

三、仪器和试剂

1. 仪器

(1) 气相色谱/质谱仪

具电子轰击(EI)电离源。

(2) 色谱柱

石英毛细管柱,长30 cm,内径0.25 mm,膜厚0.25 μm,固定相为5%-苯基-甲基聚硅氧烷或其他等效的毛细管色谱柱。

(3) 提取装置

索氏提取设备。

(4) 凝胶渗透色谱仪(GPC)

具254 nm固定波长紫外检测器,填充凝胶填料的净化柱。

(5) 浓缩装置

旋转蒸发仪。

(6) 真空冷冻干燥仪

空载真空度达13 Pa 以下。

(7) 固相萃取装置

详略。

2. 试剂

(1) 丙酮(C_3H_6O)

农残级。

(2) 二氯甲烷($CHCl_2$)

农残级。

(3) 乙酸乙酯($C_4H_8O_2$)

农残级。

(4) 环己烷(C_6H_{12})

农残级。

(5) 二氯甲烷-丙酮混合溶剂(1+1)

用二氯甲烷和丙酮按1:1体积比混合。

(6) 凝胶渗透色谱流动相

用乙酸乙酯和环己烷按1:1体积比混合。

(7) 硝酸

ρ_{HNO_3}=1.42 g/mL,优级纯。

(8) (1+1)硝酸溶液

用优级纯硝酸与实验用水按1:1体积比混合。

(9) 铜粉(Cu)

铜粉纯度为99.5%,使用前用(1+1)硝酸溶液去除铜粉表面的氧化物,用实验用水冲洗除酸,并用丙酮清洗后,再用高纯氮气缓缓吹干待用,每次临用前处理,保持铜粉表面光亮。

(10) 半挥发性有机物标准贮备液

ρ=1000~5000 mg/L。

(11) 半挥发性有机物标准中间液

ρ=200~500 μg/mL。

用二氯甲烷-丙酮混合溶剂稀释半挥发性有机物标准贮备液。

(12) 内标贮备液

ρ=5000 mg/L,1,4-二氯苯-d_4、萘-d_8、苊-d_{10}、菲-d_{10}、䓛-d_{12}和苝-d_{12}标准溶液。

(13) 内标中间液

ρ=200~500 μg/mL,用二氯甲烷-丙酮混合溶剂稀释配制内标贮备液,混匀。

(14) 替代物贮备液

ρ=1000～4000 mg/L,苯酚-d_6、2-氟苯酚、2,4,6-三溴苯酚、硝基苯-d_5、2-氟联苯、4′4-三联苯-d_{14}等标准溶液。

(15) 替代物中间液

ρ=200～500 μg/mL,用二氯甲烷-丙酮混合溶剂稀释配制替代物贮备液,混匀。

(16) 十氟三苯基膦(DFTPP)

ρ=50 mg/L标准溶液。

(17) 凝胶渗透色谱校准溶液

含有玉米油(25 mg/mL)、邻苯二甲酸二(2-二乙基己基)酯(1 mg/mL)、甲氧滴滴涕(200 mg/L)、苝(20 mg/L)和硫(80 mg/L)的混合溶液。

(18) 干燥剂

优级纯无水硫酸钠(Na_2SO_4)或粒状硅藻土250～150 μm(60～100目),置于马弗炉中400 ℃烘烤4 h,冷却后装入磨口玻璃瓶中密封,于干燥器中保存。

(19) 玻璃层析柱

内径20 mm,长10～20 cm,具聚四氟乙烯活塞。

(20) 石英砂

150～830 μm (20～100目),置于马弗炉中400 ℃烘烤4 h,冷却后装入具塞磨口玻璃瓶中密封保存。

(21) 玻璃棉或玻璃纤维滤膜

使用前用二氯甲烷浸洗,待二氯甲烷挥发干后,于具塞磨口玻璃瓶中密封保存。

(22) 索氏提取套筒

玻璃纤维或天然纤维材质套筒。使用前,玻璃纤维套筒置于马弗炉中400 ℃烘烤4 h,天然纤维套筒应用与样品提取相同的溶剂净化。

(23) 高纯氮气

纯度为99.999%。

(24) 载气

高纯氦气,纯度为99.999%。

四、实验步骤

(一) 试样的制备

1. 样品准备

将样品放在搪瓷盘或不锈钢盘上,混匀,除去枝棒、叶片、石子等异物,用四分法进行粗分。以筛选污染物为目的的样品,应对新鲜样品进行处理。当自然干燥不影响分析目的时,也可将样品自然干燥;新鲜土壤或沉积物样品可采用冷冻干燥法进行干燥;如果土壤或沉积物样品中水分含量较高(大于30%),应先进行离心分离出水相,再进行干燥处理。

取适量混匀后样品,放入真空冷冻干燥仪中进行干燥脱水。干燥后的样品需研磨、过0.25 mm孔径的筛子,均化处理成250 μm (60目)左右的颗粒。然后称取20 g (精确到0.01 g)样品,全部转移至提取器中待用。

2. 提取

将制备好的土壤或沉积物样品全部转移入索氏提取套筒;加入校准曲线中间点以上浓度的替代物中间液;小心置于索氏提取器回流管中,在圆底溶剂瓶中加入100 mL二氯甲烷-丙酮混合溶剂,提取16~18 h,回流速度控制在每小时4~6次。然后停止加热回流,取出圆底溶剂瓶,待浓缩。

3. 浓缩

将旋转蒸发仪加热温度设置在40 ℃左右,将上步提取液浓缩至约2 mL,停止浓缩。用一次性滴管将浓缩液转移至具刻度浓缩器皿,并用少量二氯甲烷-丙酮混合溶剂将旋转蒸发瓶底部冲洗2次,合并全部的浓缩液,再用氮吹浓缩至约1 mL,待净化。

4. 净化

凝胶渗透色谱净化法:当分析的目的是筛查全部半挥发性有机物时,应选用凝胶渗透色谱净化方法。

(1) 凝胶渗透色谱柱的校准

按照仪器说明书对凝胶渗透色谱柱进行校准,凝胶渗透色谱校准溶液得到的色谱峰应满足以下条件:所有峰形均匀对称,玉米油和邻苯二甲酸二(2-二乙基己基)酯的色谱峰之间分辨率大于85%;邻苯二甲酸二(2-二乙基己基)酯和甲氧滴滴涕的色谱峰之间分辨率大于85%;甲氧滴滴涕和苝的色谱峰之间分辨率大于85%;苝和硫的色谱峰不能重叠,基线分离大于90%。

(2) 确定收集时间

半挥发性有机物的收集时间初步定在玉米油出峰之后至硫出峰之前,苝洗脱出之后立即停止收集;然后用半挥发性有机物标准中间液进样形成标准物谱图,根据标准物质谱图进一步确定起始和停止收集时间,并测定回收率。沸点较低的半挥发性有机物的回收率受浓缩等因素影响导致回收率下降,当大部分目标物的回收率大于90%时,即可按此收集时间和仪器条件净化样品,否则需继续调整收集时间和其他条件。

(3) 提取液净化

用凝胶渗透色谱流动相将浓缩后的提取液定容至凝胶渗透色谱仪定量环需要的体积,按照确定后的收集时间自动净化、收集流出液,待再次浓缩。

5. 浓缩、加内标

净化后的试液再次按照旋转蒸发浓缩的步骤进行浓缩、加入适量内标中间液,并定容至1.0 mL,混匀后转移至2 mL样品瓶中,待测。

（二）空白试样的制备

用石英砂代替实际样品，按照与试样的制备相同步骤制备空白试样。

（三）仪器设置

1. 气相色谱条件设置

（1）进样口温度

280 ℃，不分流。

（2）进样量

1.0 μL，柱流量：1.0 mL/min（恒流）。

（3）柱温

35 ℃开始保持 2 min；以 15 ℃/min 速率升温至 150 ℃，保持 5 min：以 3 ℃/min 速率升温至 290 ℃，保持 2.0 min；保持到最后一个目标物苯并苝出峰后。

2. 质谱参考条件

（1）电子轰击源(EI)

详略。

（2）离子源温度

230 ℃。

（3）离子化能量

70 eV。

（4）接口温度

280 ℃。

（5）四级杆温度

150 ℃。

（6）质量扫描范围

35～450 amu。

（7）溶剂延迟时间

5 min。

（8）数据采集方式

全扫描(Scan)或选择离子模式(SIM)模式。

（四）校准曲线的绘制：

取 5 个 5 mL 容量瓶，预先加入 2 mL 二氯甲烷溶剂，分别量取适量的半挥发性有机物标准中间液、替代物中间液和内标中间液，用二氯甲烷溶剂定容后混匀，配制成至少 5 个浓度点的标准系列。半挥发有机物和替代物的质量浓度均分别为 1.0 μg/mL，5.0 μg/mL，10.0 μg/mL，20.0 μg/mL，50.0 μg/mL，内标质量浓度均为 40.0 μg/mL。

按照仪器设置条件，从低浓度到高浓度依次进样分析。以目标化合物浓度为横坐标；以目标化合物与内标化合物定量离子响应值的比值和内标化合物质量浓度的乘积为纵坐标，绘制校准曲线。

（五）样品和空白试样的测定

按照与校准曲线绘制相同的仪器分析条件测定待测的样品和空白试样。

五、数据处理

$$\text{土壤样品中目标化合物的含量(mg/kg)} = \frac{A_x \times \rho_{\mathrm{Is}} \times V_x}{A_{\mathrm{Is}} \times RRF \times m \times W_{\mathrm{dm}}}$$

式中，A_x为试样中目标化合物定量离子的峰面积；

A_{Is}为试样中内标化合物定量离子的峰面积；

ρ_{Is}为试样中内标的浓度，单位为μg/mL；

RRF为校准系列中目标化合物的平均相对响应因子；

V_x为试样的定容体积，单位为mL；

m为样品的称取量，单位为g；

W_{dm}为样品干物质含量，以百分数表示。

六、注意事项

① 当测定结果小于1 mg/kg时，小数位数的保留与方法检出限一致；当测定结果大于或等于1 mg/kg时，结果最多保留3位有效数字；

② 在分析前未知高浓度样品，应先在相同色谱柱的气相色谱仪（FID检测器）或者气相色谱仪（ECD检测器）上进行初步检查，以防受高浓度有机物对气相色谱-质谱系统的污染影响结果；

③ 六氯环戊二烯在气相色谱仪进样口处会发生热分解，在丙酮溶液中发生化学反应以及光化学分解；N-二甲基亚硝胺易与溶剂共流出，与二苯胺难以分离，且在气相色谱仪入口处易发生热分解，回收率不稳定；

④ 彻底清洗所用的任何玻璃器皿，以消除干扰物质，先用热水加清洁剂清洗，再用蒸馏水清洗，在130 ℃下烘2～3 h，或用甲醇淋洗后晾干，干燥的玻璃器皿必须在干净的环境中保存。

第六章　物理性污染监测实验

实验一　环境噪声的测定

一、实验目的

① 掌握环境噪声的监测方法；
② 掌握声级计的使用方法。

二、实验原理

凡是干扰人们休息、学习和工作以及对人们所要听的声音产生干扰的声音，即不需要的声音，统称为噪声。当噪声对人及周围环境造成不良影响时，就形成噪声污染。噪声不仅会影响听力，而且还对人的心血管系统、神经系统、内分泌系统产生不利影响，所以有人称噪声为“致人死命的慢性毒药”。

（一）城市区域环境噪声

1. 网格布点法

该方法用于大面积监测，以了解整体噪声污染情况（噪声普查）（图6-1）。

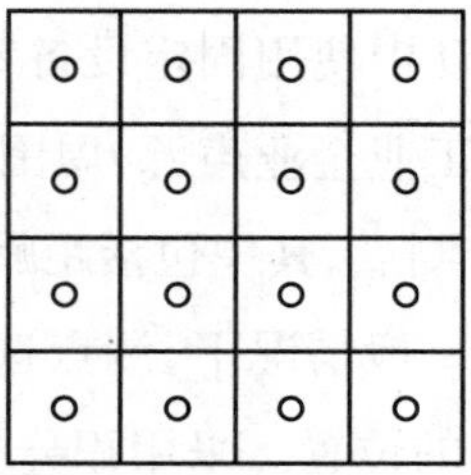

网格测量示意图

图6-1　区域环境噪声网格布点示意图

（1）布点方法
① 将调查区域划分成多个等大的正方格；
② 监测点布在网格中心；

③ 有效格总数不少于100个；

④ 每个网格中道路、非建成区、工厂面积之和不得大于网格面积的50%。

(2) 监测方法

分别在白天6:00点至22:00点和夜间22:00点至次日6:00点监测；将全部网格中心测点测10 min的连续等效A声级(L_{Aeq})。

2. 定点测定法

该方法用来调查噪声随时间变化分布情况。

选取能代表环境噪声水平的测点，进行24 h连续测定(即在每小时测前10 min)。

将每个小时的连续A声级按时间排列，得到24 h声级变化图形，以此表示某点噪声时间分布规律。

(二) 城市交通噪声监测

根据需要，可以调查一个路段或多个路段或全市所有路段，以了解不同道路特点交通噪声排放特征。

1. 布点方法

测点选在路段两路口之间，距任一路口的距离大于50 m，路段不足100 m的选路段中点；测点位于人行道上距路面(含慢车道)20 cm处，监测点位高度距地面为1.2～1.5 m；测点应避开非道路交通源的干扰，传声器指向被测声源。

2. 测定方法

每个监测点位测量20 min等效连续A声级L_{eq}，记录累积百分声级L_{10}，L_{50}，L_{90}，L_{max}，L_{min}和标准偏差(SD)；分类(大型车、中小型车)记录车流量。

(三) 工业企业噪声监测

工业企业噪声指在工业生产活动中使用固定设备等产生的、在厂界处进行测量和控制的干扰周围生活环境的声音。根据工业企业声源、周围噪声敏感建筑物的布局以及毗邻的区域类别，在工业企业厂界布设多个测点，其中包括距噪声敏感建筑物较近以及受被测声源影响大的位置。测点位置一般规定一般情况下，测点选在工业企业厂界外1 m、高度1.2 m以上、距任一反射面距离不小于1 m的位置。采用积分平均声压级或噪声自动检测仪，测量时加风罩、计权特性设为(快挡F)，采样时间间隔不大于1 s。

三、仪器和试剂

积分平均声级计或环境噪声自动监测仪。

四、实验步骤

1. 点位布设

根据上述环境噪声监测的类型选择相应的布点并进行监测。

2. 数据采集

用声级计在每个监测点监测，设置测量仪器时间计权特性设为“S”挡，采样时间间隔为5 s，连续读取100个瞬时A声级数据。

3. 环境条件

记录监测时的气象条件及附近的主要噪声来源。

五、数据处理

环境噪声一般是无规律的，测量结果一般采用等效声级来表示。声级能够较好反映人耳对噪声的强度与频率的主观感受，对一个连续的稳态噪声，它是一种较好的评价方法，但对起伏的或不连续的噪声，声级就不适用了，可采用噪声能量按时间平均方法来评价噪声对人影响的问题，即等效连续声级（L_{eq}）。

等效声级的计算：

$$L_{eq}=10\times\lg\left(\frac{1}{100}\sum_{i=1}^{100}10^{\frac{L_i}{10}}\right)$$

若符合正态分布，则

$$d=L_{10}-L_{90}$$

$$L_{eq}=L_{50}+\frac{d^2}{60}$$

式中，L_i为瞬时A声级值，单位为dB；

L_{10}为表示有10%的时间超过的噪声级，相当于噪声的平均峰值；

L_{50}为表示有50%的时间超过的噪声级，相当于噪声的平均值；

L_{90}为表示有90%的时间超过的噪声级，相当于噪声的本底值。

六、注意事项

① 声级计每次使用前需按照产品说明书进行校准；

② 在读取最大值时，若超过最大量程，应调整量程大小重新测量。

实验二　区域环境振动的测定

一、实验目的

① 掌握环境振动的监测方法；

② 熟悉环境振动计的使用方法。

二、实验原理

环境振动是振幅很小的环境地面运动，是由环境和人为的原因造成的。过量的振动会使人不舒服、疲劳甚至导致人体损伤。环境振动也会以噪声的形式影响或污染环境。环境振动是环境污染的一个方面，铁路振动、公路振动、地铁振动、工业振动均会对人们的正常生活和休息产生不利的影响。

区域环境振动污染源，主要来自道路交通、铁路运输、城市轨道交通、桥梁及高架道路交通、地下施工、工业设备和建筑施工机械运行、居民生活振动源等。振动污染源按其动态特征分类可分为以下几种：

(1) 稳态振动

稳态振动为观测时间内振级变化不大的环境振动。每个测点测量一次，取1 min内的评价量为等效连续Z振级 VL_{Zeq}。

(2) 冲击振动

对于每日发生几次的冲击振动如锻压机械类(例如锻锤、冲床等)和建筑施工机械类(例如打桩机等)，取每次冲击过程中的最大示数为评价量；对于重复出现的冲击振动，以10次读数的最大铅垂向Z振级(VL_{Zmax})的算术平均值作为评价值。

(3) 无规振动

无规振动为未来任何时刻不能预先确定振级的环境振动，包括道路交通及桥梁振动和居民生活振动(例如房屋装修、厨房操作、小孩室内跳跃等)。每个测点等间隔地读取瞬时示数，采样间隔5 s，连续测量时间1000 s，以测量数据的等效连续Z振级 VL_{Zeq} 作为评价值。

环境振动监测是指为了掌握工业生产、建筑施工、交通运输和社会生活中所产生的振动对周围环境的影响所开展的监测。

三、仪器和试剂

环境振动计、拾振器。

四、实验步骤

1. 点位布设

① 测点应置于被测建筑物受振源影响相对较大的位置，可通过现场咨询或间隔一定距离布设多个试验点确定；

② 室外测量过程中，测点下方有地下室、地窖或防空洞等情况时应尽量避开；

③ 必要时可以将测点置于建筑物室内地面中央，严禁放置于最底层地下室中，根据实际情况，被测建筑物内房间的使用功能、尺寸(房间大小、楼板厚度等)、楼层等属性不同应分别布设测点，其中包括受影响最大的位置；

④ 当建筑物前地面不具备测量条件或受其他因素干扰时，可将测点布设在环境振动条件与该处相对一致的位置。

2. 拾振器的安装

① 拾振器的灵敏度主轴方向应保持铅垂方向，测试过程中不得产生倾斜和附加振动；

② 拾振器应平稳地放在平坦、坚实的地面上，不得直接置于如草地、砂地、雪地、地毯、木地板等松软的地面上；

③ 拾振器的3个接触点或底部应全部接触地面；

④ 应采取措施将连接拾振器的数据线与地面固定，防止由于连接线晃动引起测量误差。

3. 振动采集与测量

将测量仪器时间计权常数取1 s，振动信号采样间隔为0.1 s。

测量值为铅垂向Z振级。

(1) 工业企业厂界振动

每个测点测量10 min的铅垂向Z振级(VL_Z)，以测量数据的等效连续Z振级VL_{Zeq}作为评价值。

(2) 建筑施工场界振动

每个测点测量10 min的铅垂向Z振级(VL_Z)，以测量数据的等效连续Z振级VL_{Zeq}作为评价值。

(3) 交通振动

每个测点测量10 min的铅垂向Z振级(VL_Z)，以测量数据的等效连续Z振级VL_{Zeq}作为评价值。

(4) 铁路振动

每个测点连续测量10次列车通过过程，测量结果为每列列车通过过程中的最大铅垂向Z振级(VL_{Zmax})，评价量为10次最大铅垂向Z振级VL_{Zmax}的算术平均值。

五、数据处理

等效连续Z振级VL_{Zeq}的计算如下：

$$VL_{Zeq}(\mathrm{dB})=10\times\lg\left(\frac{1}{T}\int_{0}^{T}10^{0.1\times VL_{Z}}\mathrm{d}t\right)$$

式中，VL_Z为t时刻的瞬时Z振级，单位为dB；

T为规定的测量时段，单位为s。

六、注意事项

① 拾振器电压灵敏度应大于400 mV/g。仪器的测量下限应不高于50 dB，测量上限不低于100 dB；

② 测量应在无雨雪、无雷电、无强风的天气环境下进行；

③ 测量过程中，应当避免其他干扰因素，如高噪声、走动等引起的干扰。

第七章　综合与设计性实验

实验一　校园水体环境质量监测

一、实验目的

① 加深对水体常见污染物监测的原理和方法的学习；

② 能针对校园水体环境监测制定科学、合理且切实可行的实验方案；

③ 对校园水体环境质量进行监测，评价水体环境质量的现状及发展趋势，为校园水体环境质量的改善提供理论支持，并提出合理的建议措施；

④ 培养团队意识，能够承担团队不同角色的责任，并能处理好个人、团队和其他成员的关系；养成安全、整洁、有序、爱护仪器设备的良好实验习惯；具有科学严谨的实验态度、实事求是科学作风。

二、实验时间

约1周。

三、实验组织方式

在教师指导下进行实验，小组成员配合完成。

原则上以3人为单位划分为若干小组（根据具体情况，可灵活安排，每组最多不超过4人），在指导教师指导下进行方案设计及实验操作。

四、实验任务

以校园水体为主要研究对象，选择特定校园水体根据水质监测布点和采样的原则、地表水环境质量标准中的监测方法、环境监测和环境监测实验中相关内容和标准制定校园水体环境监测方案；然后根据制定的监测方案进行样品的布设、采集、测定等工作；最后撰写校园水体环境监测实训报告。

以小组为单位进行方案设计和实验,原则上每个小组选取的水质指标不少于5个,选取的实验方法应可靠并具有可行性。

五、实施步骤

(一)实验开始前的工作

① 确定本次实验的负责人及实训指导教师;

② 在实验开始前,由各班学习委员将全班同学分组,并确定小组负责人,提交分组名单(一定要包含小组负责人的联系电话)给实验负责人;

③ 由实验负责人制定本次实训的具体实施方案,在实验前分发给各指导教师及学生。

(二)实验主要工作

1. 组织实验动员会

通过全班动员会,让每位指导老师、同学明确实验目的、任务与要求等。

重点讲解实验目的、任务、内容、分组、实施方式、要求、成绩考核、时间安排等具体事务。

2. 制定监测方案

在指导老师指导下各小组通过查阅资料,制定初步的监测方案(监测方案模板详见附录)。

3. 监测方案讨论

各小组汇报方案内容,指导教师对实训方案的可行性进行点评,小组根据修改意见进行修订并定稿。

4. 水样采集和测定

学生根据修改后的监测方案,以小组为单位进行布点、采样、监测等工作,指导教师全程指导答疑。

5. 实验报告撰写

以小组为单位进行数据分析,撰写实验报告,最后提交给指导老师。

六、实验成绩评定

实验成绩主要包括实验方案和实验报告两部分。具体评分标准和撰写请参考附录二的模板。

实验二　校园大气质量环境监测

一、实验目的

① 进一步掌握大气中氮氧化物、二氧化硫、总悬浮颗粒物的测定原理和方法；

② 能针对目标污染物的监测制定科学、完整且切实可行的实验方案；

③ 对校园大气质量进行监测，评价校园大气质量的现状及发展趋势，为校园空气质量的改善提供理论支持，并提出合理的建议措施；

④ 培养团队意识，能够承担团队不同角色的责任，并能处理好个人、团队和其他成员的关系。

二、实验时间

约1周。

三、实验组织方式

在教师指导下进行实训实验，小组成员配合完成。

原则上以3人为单位划分为若干小组（根据具体情况，可灵活安排，每组最多不超过4人），在指导教师指导下进行方案设计及实训实验。

四、实验任务

以校园大气质量为主要研究对象，根据大气空气质量监测标准和环境监测实验中相关内容和标准制定校园大气质量监测方案；然后根据制定的监测方案进行大气样品的布设、采集、测定等工作；最后撰写校园大气质量监测综合实验报告。

以小组为单位进行方案设计和实验，选取的实验方法应可靠并具有可行性。

五、实施步骤

（一）实验开始前的工作

① 确定本次实验的负责人及实训指导教师；

② 在实验开始前，由各班学习委员将全班同学分组，并确定小组负责人，提交分组名单(一定要包含小组负责人的联系电话)给实验负责人；

③ 由实验负责人制定本次实验的具体实施方案，在实验前分发给各指导教师及学生。

（二）实验主要工作

1. 组织实验动员会

通过全班动员会，让每位指导老师、同学明确实验目的、任务与要求等。

重点讲解实验目的、任务、内容、分组、实施方式、要求、成绩考核、时间安排等具体事务。

2. 制定监测方案

在指导老师指导下各小组通过查阅校园历史资料数据，制定初步的监测方案。

3. 监测方案讨论

各小组汇报方案内容，指导教师对实训方案的可行性进行点评，小组根据修改意见进行修订并定稿。

4. 大气空气污染物的采集和测定

学生根据修改后的监测方案，以小组为单位进行布点、采样、监测等工作，指导教师全程指导答疑。

5. 实验报告撰写

以小组为单位进行数据分析，撰写实验报告，最后提交给指导老师。

六、实验成绩评定

实验成绩主要包括实验方案和实验报告两部分。具体评分标准和撰写请参考附录二的模板。

附录一　常见环境标准

中华人民共和国地表水环境质量标准（GB 3838—2002）

表 F1.1　地表水环境质量标准基本项目标准限值

（单位:mg/L）

序号	项　　目	标准值分类				
		Ⅰ类	Ⅱ类	Ⅲ类	Ⅳ类	Ⅴ类
1	水温(℃)	人为造成的环境水温变化应限制在:周平均最大温升≤1;周平均最大温降≤2				
2	pH(无量纲)	6~9				
3	溶解氧 ≥	饱和率90%(或7.5)	6	5	3	2
4	高锰酸盐指数 ≤	2	4	6	10	15
5	化学需氧量(COD) ≤	15	15	20	30	40
6	5日生化需氧量(BOD_5) ≤	3	3	4	6	10
7	氨氮(NH_3-N) ≤	0.15	0.5	1.0	1.5	2.0
8	总磷(以P计) ≤	0.02(湖、库0.01)	0.1(湖、库0.025)	0.2(湖、库0.05)	0.3(湖、库0.1)	0.4(湖、库0.2)
9	总氮(湖、库、以N计) ≤	0.2	0.5	1.0	1.5	2.0
10	铜 ≤	0.01	1.0	1.0	1.0	1.0
11	锌 ≤	0.05	1.0	1.0	2.0	2.0
12	氟化物(以F^-计) ≤	1.0	1.0	1.0	1.5	1.5
13	硒 ≤	0.01	0.01	0.01	0.02	0.02
14	砷 ≤	0.05	0.05	0.05	0.1	0.1
15	汞 ≤	0.00005	0.00005	0.0001	0.001	0.001
16	镉 ≤	0.001	0.005	0.005	0.005	0.01
17	铬(六价) ≤	0.01	0.05	0.05	0.05	0.1
18	铅 ≤	0.01	0.01	0.05	0.05	0.1
19	氰化物 ≤	0.005	0.05	0.2	0.2	0.2
20	挥发酚 ≤	0.002	0.002	0.005	0.01	0.1
21	石油类 ≤	0.05	0.05	0.05	0.5	1.0
22	阴离子表面活性剂 ≤	0.2	0.2	0.2	0.3	0.3
23	硫化物 ≤	0.05	0.1	0.2	0.5	1.0
24	粪大肠菌群(个/L) ≤	200	2000	10000	20000	40000

表F1.2 集中式生活饮用水地表水源地补充项目标准限值

(单位:mg/L)

序号	项 目	标 准 值
1	硫酸盐(以SO_4^{2-}计)	250
2	氯化物(以Cl^-计)	250
3	硝酸盐(以N计)	10
4	铁	0.3
5	锰	0.1

表F1.3 集中式生活饮用水地表水源地特定项目标准限值

(单位:mg/L)

序号	项 目	标准值	序号	项 目	标 准 值
1	三氯甲烷	0.06	31	二硝基苯④	0.5
2	四氯化碳	0.002	32	2,4-二硝基甲苯	0.0003
3	三溴甲烷	0.1	33	2,4,6-三硝基甲苯	0.5
4	二氯甲烷	0.02	34	硝基氯苯⑤	0.05
5	1,2-二氯乙烷	0.03	35	2,4-二硝基氯苯	0.5
6	环氧氯丙烷	0.02	36	2,4-二氯苯酚	0.093
7	氯乙烯	0.005	37	2,4,6-三氯苯酚	0.2
8	1,1-二氯乙烯	0.03	38	五氯酚	0.009
9	1,2-二氯乙烯	0.05	39	苯胺	0.1
10	三氯乙烯	0.07	40	联苯胺	0.0002
11	四氯乙烯	0.04	41	丙烯酰胺	0.0005
12	氯丁二烯	0.002	42	丙烯腈	0.1
13	六氯丁二烯	0.0006	43	邻苯二甲酸二丁酯	0.003
14	苯乙烯	0.02	44	邻苯二甲酸二(2-乙基己基)酯	0.008
15	甲醛	0.9	45	水合肼	0.01
16	乙醛	0.05	46	四乙基铅	0.0001
17	丙烯醛	0.1	47	吡啶	0.2
18	三氯乙醛	0.01	48	松节油	0.2
19	苯	0.01	49	苦味酸	0.5
20	甲苯	0.7	50	丁基黄原酸	0.005
21	乙苯	0.3	51	活性氯	0.01
22	二甲苯①	0.5	52	滴滴涕	0.001
23	异丙苯	0.25	53	林丹	0.002
24	氯苯	0.3	54	环氧七氯	0.0002
25	1,2-二氯苯	1.0	55	对硫磷	0.003
26	1,4-二氯苯	0.3	56	甲基对硫磷	0.002
27	三氯苯②	0.02	57	马拉硫磷	0.05
28	四氯苯③	0.02	58	乐果	0.08
29	六氯苯	0.05	59	敌敌畏	0.05
30	硝基苯	0.017	60	敌百虫	0.05

续表

序号	项目	标准值	序号	项目	标准值
61	内吸磷	0.03	71	钼	0.07
62	百菌清	0.01	72	钴	1.0
63	甲萘威	0.05	73	铍	0.002
64	溴氰菊酯	0.02	74	硼	0.5
65	阿特拉津	0.003	75	锑	0.005
66	苯并(a)芘	2.8×10^{-6}	76	镍	0.02
67	甲基汞	1.0×10^{-6}	77	钡	0.7
68	多氯联苯⑥	2.0×10^{-5}	78	钒	0.05
69	微囊藻毒素-LR	0.001	79	钛	0.1
70	黄磷	0.003	80	铊	0.0001

注:① 二甲苯:指对-二甲苯、间-二甲苯、邻-二甲苯;

② 三氯苯:指1,2,3-三氯苯、1,2,4-三氯苯、1,3,5-三氯苯;

③ 四氯苯:指1,2,3,4-四氯苯、1,2,3,5-四氯苯、1,2,4,5-四氯苯;

④ 二硝基苯:指对-二硝基苯、间-硝基苯、邻-硝基苯;

⑤ 硝基氯苯:指对-硝基氯苯、间-硝基氯苯、邻-硝基氯苯;

⑥ 多氯联苯:指PCB-1016、,PCB-1221,PCB-1232,PCB-1242,PCB-1248,PCB-1254,PCB-1260。

表F1.4 地表水环境质量标准基本项目分析方法

序号	项目	分析方法	最低检出限(mg/L)	方法来源
1	水温	温度计法		GB 13195—91
2	pH	玻璃电极法		GB 6920—86
3	溶解氧	碘量法	0.2	GB 7489—87
		电化学探头法		GB 11913—89
4	高锰酸盐指数		0.5	GB 11892—89
5	化学需氧量	重铬酸盐法	10	GB 11914—89
6	5日生化需氧量	稀释与接种法	2	GB 7488—87
7	氨氮	纳氏试剂比色法	0.05	GB 7479—87
		水杨酸分光光度法	0.01	GB 7481—87
8	总磷	钼酸氨分光光度法	0.01	GB 11893—89
9	总氮	碱性过硫酸钾消解紫外分光光度法	0.05	GB 11894—89
10	铜	2,9-二甲基-1,10-菲啰啉分光光度法	0.06	GB 7473—87
		二乙基二硫代氨基甲酸钠分光光度法	0.010	GB 7474—87
		原子吸收分光光度法(螯合萃取法)	0.001	GB 7475—87
11	锌	原子吸收分光光度法	0.05	GB 7475—87
12	氟化物	氟试剂分光光度法	0.05	GB 7483—87
		离子选择电极法	0.05	GB 7484—87
		离子色谱法	0.02	HJ/T 84—2001
13	硒	2,3-二氨基萘荧光法	0.00025	GB 11902—89
		石墨炉原子吸收分光光度法	0.003	GB/T 15505—1995

续表

序号	项目	分析方法	最低检出限(mg/L)	方法来源
14	砷	二乙基二硫代氨基甲酸银分光光度法	0.007	GB 7485—87
		冷原子荧光法	0.00006	
15	汞	冷原子吸收分光光度法	0.00005	GB 7468—87
		冷原子荧光法	0.00005	
16	镉	原子吸收分光光度法(螯合萃取法)	0.001	GB 7475—87
17	铬(六价)	二苯碳酰二肼分光光度法	0.004	GB 7467—87
18	铅	原子吸收分光光度法(螯合萃取法)	0.01	GB 7475—87
19	氰化物	异烟酸-吡唑啉酮比色法	0.004	GB 7487—87
		吡啶-巴比妥酸比色法	0.002	
20	挥发酚	蒸馏后4-氨基安替比林分光光度法	0.002	GB 7490—87
21	石油类	红外分光光度法	0.01	GB/T 16488—1996
22	阴离子表面活性剂	亚甲蓝分光光度法	0.05	GB 7494—87
23	硫化物	亚甲基蓝分光光度法	0.005	GB/T 16489—1996
		直接显色分光光度法	0.004	GB/T 17133—1997
24	粪大肠菌群	多管发酵法、滤膜法		

注:方法来源未标注的暂采用《水和废水监测分析方法(第三版)》(中国环境科学出版社,1989年),待国家方法标准发布后,执行国家标准。

表F1.5 集中式生活饮用水地表水源地补充项目分析方法

序号	项目	分析方法	最低检出限(mg/L)	方法来源
1	硫酸盐	重量法	10	GB 11899—89
		火焰原子吸收分光光度法	0.4	GB 13196—91
		铬酸钡光度法	8	
		离子色谱法	0.09	HJ/T 84—2001
2	氯化物	硝酸银滴定法	10	GB 11896—89
		硝酸汞滴定法	2.5	
		离子色谱法	0.02	HJ/T 84—2001
3	硝酸盐	酚二磺酸分光光度法	0.02	GB 7480—87
		紫外分光光度法	0.08	
		离子色谱法	0.08	HJ/T 84—2001
4	铁	火焰原子吸收分光光度法	0.03	GB 11911—89
		邻菲啰啉分光光度法	0.03	
5	锰	高碘酸甲分光光度法	0.02	GB 11906—89
		火焰原子吸收分光光度法	0.01	GB 11911—89
		甲醛肟光度法	0.01	

表F1.6 集中式生活饮用水地表水源地特定项目分析方法

序号	项 目	分析方法	最低检出限(mg/L)	方法来源
1	三氯甲烷	顶空气相色谱法	0.0003	GB/T 17130—1997
		气相色谱法	0.0006	
2	四氯化碳	顶空气相色谱法	0.00005	GB/T 17130—1997
		气相色谱法	0.0003	
3	三溴甲烷	顶空气相色谱法	0.001	GB/T 17130—1997
		气相色谱法	0.006	
4	二氯甲烷	顶空气相色谱法	0.0087	
5	1,2-二氯乙烷	顶空气相色谱法	0.0125	
6	环氧氯丙烷	气相色谱法	0.02	
7	氯乙烯	气相色谱法	0.001	
8	1,1-二氯乙烯	吹出捕集气相色谱法	0.000018	
9	1,2-二氯乙烯	吹出捕集气相色谱法	0.000012	
10	三氯乙烯	顶空气相色谱法	0.0005	GB/T 17130—1997
		气相色谱法	0.003	
11	四氯乙烯	顶空气相色谱法	0.0002	GB/T 17130—1997
		气相色谱法	0.0012	
12	氯丁二烯	顶空气相色谱法	0.002	
13	六氯丁二烯	气相色谱法	0.00002	
14	苯乙烯	气相色谱法	0.01	
15	甲醛	乙酰丙酮分光光度法	0.05	GB/T 13197—91
		4-氨基-3-联氨-5-巯基-1,2,4-三氮杂茂(AHMT)分光光度法	0.05	
16	乙醛	气相色谱法	0.24	
17	丙烯醛	气相色谱法	0.019	
18	三氯乙醛	气相色谱法	0.001	
19	苯	液上气相色谱法	0.005	GB 11890—89
		顶空气相色谱法	0.00042	
20	甲苯	液上气相色谱法	0.005	GB 11890—89
		二硫化碳萃取气相色谱法	0.05	
		气相色谱法	0.01	
21	乙苯	液上气相色谱法	0.005	GB 11890—89
		二硫化碳萃取气相色谱法	0.05	
		气相色谱法	0.01	
22	二甲苯	液上气相色谱法	0.005	GB 11890—89
		二硫化碳萃取气相色谱法	0.05	
		气相色谱法	0.01	
23	异丙苯	顶空气相色谱法	0.0032	
24	氯苯	气相色谱法	0.01	HJ/T 74—2001
25	1,2-二氯苯	气相色谱法	0.002	GB/T 17131—1997

续表

序号	项　目	分析方法	最低检出限(mg/L)	方法来源
26	1,4-二氯苯	气相色谱法	0.005	GB/T 17131—1997
27	三氯苯	气相色谱法	0.00004	
28	四氯苯	气相色谱法	0.00002	
29	六氯苯	气相色谱法	0.00002	
30	硝基苯	气相色谱法	0.0002	GB 13194—91
31	二硝基苯	气相色谱法	0.2	
32	2,4-二硝基甲苯	气相色谱法	0.0003	GB 13194—91
33	2,4,6-三硝基甲苯	气相色谱法	0.1	
34	硝基氯苯	气相色谱法	0.0002	GB 13194—91
35	2,4-二硝基氯苯	气相色谱法	0.1	
36	2,4-二氯苯酚	电子捕获-毛细色谱法	0.0004	
37	2,4,6-三氯苯酚	电子捕获-毛细色谱法	0.00004	
38	五氯酚	气相色谱法	0.00004	GB 8972—88
		电子捕获-毛细色谱法	0.000024	
39	苯胺	气相色谱法	0.002	
40	联苯胺	气相色谱法	0.0002	
41	丙烯酰胺	气相色谱法	0.00015	
42	丙烯腈	气相色谱法	0.10	
43	邻苯二甲酸二丁酯	液相色谱法	0.0001	HJ/T 72—2001
44	邻苯二甲酸二(2-乙基已基)酯	气相色谱法	0.0004	
45	水合肼	对二甲氨基苯甲醛直接分光光度法	0.005	
46	四乙基铅	双硫腙比色法	0.0001	
47	吡啶	气相色谱法	0.031	GB/T 14672—93
		巴比土酸分光光度法	0.05	
48	松节油	气相色谱法	0.02	
49	苦味酸	气相色谱法	0.001	
50	丁基黄原酸	铜试剂亚铜分光光度法	0.002	
51	活性氯	N,N-二乙基对苯二胺(PDP)分光光度法	0.01	
		3,3′,5,5′-四甲基联苯胺比色法	0.005	
52	滴滴涕	气相色谱法	0.0002	GB 7492—87
53	林丹	气相色谱法	4×10^{-6}	GB 7492—87
54	环氧七氯	液液萃取气相色谱法	0.000083	
55	对硫磷	气相色谱法	0.00054	GB 13192—91
56	甲基对硫磷	气相色谱法	0.00042	GB 13192—91

续表

序号	项　目	分析方法	最低检出限(mg/L)	方法来源
57	马拉硫磷	气相色谱法	0.00064	GB 13192—91
58	乐果	气相色谱法	0.00057	GB 13192—91
59	敌敌畏	气相色谱法	0.00006	GB 13192—91
60	敌百虫	气相色谱法	0.000051	GB 13192—91
61	内吸磷	气相色谱法	0.0025	
62	百菌清	气相色谱法	0.0004	
63	甲萘威	高效液相色谱法	0.01	
64	溴氰菊酯	气相色谱法	0.0002	
		高效液相色谱法	0.002	
65	阿特拉津	气相色谱法		
66	苯并(a)芘	乙酰化滤纸层析荧光分光光度法	4×10^{-6}	GB 11895—89
		高效液相色谱法	1×10^{-6}	GB 13198—91
67	甲基汞	气相色谱法	1×10^{-8}	GB/T 17132—1997
68	多氯联苯	气相色谱法		
69	微囊藻毒素-LR	高效液相色谱法	0.00001	
70	黄磷	钼-锑-抗分光光度法	0.0025	
71	钼	无火焰原子吸收分光光度法	0.00231	
72	钴	无火焰原子吸收分光光度法	0.00191	
73	铍	铬菁R分光光度法	0.0002	HJ/T 58—2000
		石墨炉原子吸收分光光度法	0.00002	HJ/T 59—2000
		桑色素荧光分光光度法	0.0002	
74	硼	姜黄素分光光度法	0.02	HJ/T 49—1999
		甲亚胺-H分光光度法	0.2	
75	锑	氢化原子吸收分光光度法	0.00025	
76	镍	无火焰原子吸收分光光度法	0.00248	
77	钡	无火焰原子吸收分光光度法	0.00618	
78	钒	钽试剂(BPHA)萃取分光光度法	0.018	GB/T 15503—1995
		无火焰原子吸收分光光度法	0.00698	
79	钛	催化示波极谱法	0.0004	
		水杨基荧光酮分光光度法	0.02	
80	铊	无火焰原子吸收分光光度法	4×10^{-6}	

环境空气质量标准（GB 3095—2012）

表F1.7　环境空气污染物基本项目浓度限值

序　号	污染物项目	平均时间	浓度限值		单位
			一级	二级	
1	二氧化硫（SO_2）	年平均	20	60	μg/m³
		24小时平均	50	150	
		1小时平均	150	500	
2	二氧化氮（NO_2）	年平均	40	40	
		24小时平均	80	80	
		1小时平均	200	200	
3	一氧化碳（CO）	24小时平均	4	4	mg/m³
		1小时平均	10	10	
4	臭氧（O_3）	日最大8小时平均	100	160	μg/m³
		1小时平均	160	200	
5	颗粒物（粒径小于等于10 μm）	年平均	40	70	
		24小时平均	50	150	
6	颗粒物（粒径小于等于2.5 μm）	年平均	15	35	
		24小时平均	35	75	

注：一类区适用一级浓度限值，二类区适用二级浓度限值；

一类区为自然保护区、风景名胜区和其他需要特殊保护的区域；

二类区为居住区、商业交通居民混合区、文化区、工业区和农村地区。

表F1.8　环境空气污染物其他项目浓度限值

序　号	污染物项目	平均时间	浓度限值		单位
			一级	二级	
1	总悬浮颗粒物（TSP）	年平均	80	200	μg/m³
		24小时平均	120	300	
2	氮氧化物（NO_x）	年平均	50	50	
		24小时平均	100	100	
		1小时平均	250	250	
3	铅（Pb）	年平均	0.5	0.5	
		季平均	1	1	
4	苯并[a]芘（BaP）	年平均	0.001	0.001	
		24小时平均	0.0025	0.0025	

注：一类区适用一级浓度限值，二类区适用二级浓度限值；

一类区为自然保护区、风景名胜区和其他需要特殊保护的区域；

二类区为居住区、商业交通居民混合区、文化区、工业区和农村地区。

土壤环境质量农用地土壤污染管控风险标准（GB 15618—2018）

表 F1.9　农用地土壤污染风险筛选值(基本项目)

(单位:mg/kg)

序号	污染物项目		风险筛选值			
			pH≤5.5	5.5＜pH≤6.5	6.5＜pH≤7.5	pH＞7.5
1	镉	水田	0.3	0.4	0.6	0.8
		其他	0.3	0.3	0.3	0.6
2	汞	水田	0.5	0.5	0.6	1
		其他	1.3	1.8	2.4	3.4
3	砷	水田	30	30	25	20
		其他	40	40	30	25
4	铅	水田	80	100	140	240
		其他	70	90	120	170
5	铬	水田	250	250	300	350
		其他	150	150	200	250
6	铜	果园	150	150	200	200
		其他	50	50	100	100
7	镍		60	70	100	190
8	锌		200	200	250	300

注:重金属和类金属砷均按元素总量计;
对于水旱轮作地,采用其中较严格的风险筛选值。

表 F1.10　农用地土壤污染风险筛选值(其他项目)

(单位:mg/kg)

序号	污染物项目	风险筛选值
1	六六六总量[①]	0.10
2	滴滴涕总量[②]	0.10
3	苯并[a]芘	0.55

注:① 六六六总量为α-六六六、β-六六六、γ-六六六、δ-六六六4种异构体的含量总和;
② 滴滴涕总量为p,p′-滴滴伊、o,p′-滴滴涕、p,p′-滴滴涕4种衍生物的含量总和。

表 F1.11　农用地土壤污染风险管制值

(单位:mg/kg)

序号	污染物项目	风险管制值			
		pH≤5.5	5.5＜pH≤6.5	6.5＜pH≤7.5	pH＞7.5
1	镉	1.5	2.0	3.0	4.0
2	汞	2.0	2.5	4.0	6.0
3	砷	200	150	120	100
4	铅	400	500	700	1 000
5	铬	800	850	1 000	1 300

附录二　环境监测综合实验报告参考模板

环境监测综合实验

×××××××××××××(题目)

实验报告

院系:×××××××××学院

专业:××××

年级:20××级××班

成员:×××(学号*******)

×××(学号*******)

×××(学号*******)

指导老师:×××

时间:20××年××月

评分项目	评分依据	权重	得分	评阅人
内容格式	书写内容的完整性,书写格式的规范性	20		
研究数据	数据的可靠性,数据呈现的科学性	40		
结论解释	结论的正确性,解释的科学性	30		
参考文献	反思的全面性,评价的客观性	10		
合计		100		

题　目

姓名1、姓名2、姓名3……，指导老师姓名

摘要：

（只需要写中文摘要，这部分简单介绍实验测定的指标及采用的方法，介绍实验结果和结论）

关键词：

（3～5个关键词）

引言：

（简单介绍校园水体污染物监测的目的、背景及意义）

1. 样品采集

（介绍样品的布设情况，画出或标出采样点分布图，并对采样点水质或附近区域环境状况进行描述，也可附上照片）

2. 实验方法

2.1 实验试剂和仪器

（列举实验所需试剂和仪器）

2.2 实验方法

（对测定污染物指标的测定方法进行详细描述）

3. 结果与讨论

3.1

……

3.2

……

（对实验结果进行数据处理，可以以图和表的模式呈现，并对实验数据结果进行文字性描述，最后结合查阅的文献等资料对实验数据进行分析讨论（包括分析评价校园水体的监测结果（参考相关国家标准），监测水体污染物浓度高或低的原因、实验误差分析、实验操作过程中出现的问题及以后如何避免、针对结果提出的建议和措施等））

4. 结论

（对本次设计性实验的结果与讨论部分进一步的归纳和总结，300字以内）

至少5篇参考文献，模板如下：

参考文献

[1] 陈仕稳，聂锦旭，谢伟楠. 改性膨润土颗粒对微污染水中有机物和氨氮的吸附 [J]. 环境工程学报，2015，9(6)：2739-2744.

[2] 詹凤凌，胡婧逸，黎园，等. PAC/MBR与MBR工艺处理微污染水源水的效能对比研究 [J]. 水处理技术，2011，37(12)：78-82.

[3] 刘秉涛. 壳聚糖复合剂在水处理中的净化效能研究 [D]. 哈尔滨：哈尔滨工业大学，2009.）

……

注：正文中文采用宋体、英文及数字采用Times New Roman字体；一级标题四号，加粗，二级标题小四号加粗，三级标题五号加粗，正文五号字体；首行缩进2个字，两端对齐；图号、图题、图例、图释、表号、表题、表释：小五号，居中。

参考文献

[1] 孙成. 环境监测实验[M]. 2版. 北京:科学出版社,2010.

[2] 国家环境保护总局《水和废水监测分析方法》编写委员会. 水和废水监测分析方法[M]. 4版. 北京:中国环境科学出版社,2002.

[3] 汤红妍. 环境监测实验[M]. 北京:化学工业出版社,2018.

[4] 万邦江,解晓华,肖萍. 环境化学实验[M]. 北京:北京工业大学出版社,2023.

[5] 奚旦立. 环境监测[M]. 5版. 北京:高等教育出版社,2019.